本书由国家自然科学基金青年项目"制度质量对区域创新的影响研究：理论机制与实证检验”（72003140）和苏州大学人文社会科学处资助出版

宜居环境与区域创新

张敏 著

中国财经出版传媒集团
经济科学出版社
Economic Science Press
·北 京·

图书在版编目（CIP）数据

宜居环境与区域创新/张敏著. --北京：经济科学出版社，2023. 11

ISBN 978 -7 -5218 -4395 -8

Ⅰ. ①宜… Ⅱ. ①张… Ⅲ. ①居住环境 - 城乡规划 - 研究 - 中国 Ⅳ. ①TU984. 2

中国版本图书馆 CIP 数据核字（2022）第 237768 号

责任编辑：胡蔚婷
责任校对：蒋子明
责任印制：范　艳

宜居环境与区域创新
张　敏　著
经济科学出版社出版、发行　新华书店经销
社址：北京市海淀区阜成路甲 28 号　邮编：100142
总编部电话：010 -88191217　发行部电话：010 -88191522
网址：www. esp. com. cn
电子邮箱：esp@ esp. com. cn
天猫网店：经济科学出版社旗舰店
网址：http：//jjkxcbs. tmall. com
北京季蜂印刷有限公司印装
710 ×1000　16 开　14 印张　226000 字
2023 年 11 月第 1 版　2023 年 11 月第 1 次印刷
ISBN 978 -7 -5218 -4395 -8　定价：56. 00 元
（图书出现印装问题，本社负责调换。电话：010 -88191545）

前　言

伴随着收入水平的提高，需求层次升级，人们对生活质量因素更加关注。以西方发达国家现实情况为背景的研究指出，地区的宜居环境因素在人口和就业地理形成中发挥了重要作用。基于发展中国家的现实情况，有关宜居环境因素在中国经济地理中的重要性较少得到讨论。然而，过去四十多年来，我国经济发展快速，一些现象表明中国居民对生活质量因素已愈发关注。本书致力于分析宜居环境因素对中国经济地理产生的可能影响。由于宜居环境因素与高技能劳动者的需求联系更加紧密，本书选择从探究宜居环境因素对高技能劳动者的产出—区域创新的影响入手。此外，党的十八大和党的十九大强调“创新驱动经济发展”的发展思路，2022 年的工作报告提出深入实施创新驱动发展战略，由此，探究如何驱动区域创新增长具有重要的现实意义，本书从宜居环境因素的视角分析区域创新的动力机制提供了分析区域创新发展规律的一个新视角。

结合国内外的文献，本书首先对宜居环境因素（amenities）的核心概念和特点进行了梳理，以科学设计宜居环境因素的指标体系；其次，通过典型性事实分析得出我国区域创新呈现集中分布及显著的空间正相关性特点后，研究就宜居环境因素对区域创新产出的影响进行了理论分析。在理论分析的基础上，本书依据2003~2014年283个城市的面板数据对宜居环境因素对区域创新的影响进行了实证分析。为检验实证结果的稳健性以及深入理解宜居环境因素对区域创新影响的机制和渠道，研究进一步进行了稳健性检验、宜居环境因素对区域创新影响的异质性分析和影响渠道分析。通过理论分析，实证分析，异质性分析和影响渠道分析，本书得到的主要研究结论有：

第一，理论分析得出，在其他条件不变时，均衡路径中的区域创新产出与地区自然宜居水平和城市便利环境水平正相关。除了通过影响工人的工作努力程度（或劳动生产率），宜居环境因素影响区域创新产出增长的其他可能渠道有：在其他条件不变的情况下，地区宜居环境水平影响创新增长的人力资本转化效率、物质资本转化效率，集聚经济正外部性和人力资本池。

第二，在其他条件不变的情况下，区域创新产出受到自然宜居环境因素和城市便利特征显著为正的影响。其中对区域创新影响最为显著的地区宜居因素有空气质量、中小学教育资源、医疗资源、公共交通服务和旅游环境等，然而地区不同方面的宜居因素更多通过与其他宜居因素的联合作用共同影响区域创新发展。区域创新受到地区宜居环境显著为正的影响不因工具变量方法的不同、控制变量的多少、样本异常值的存在、模型设定的不同而改变。除了宜居环境因素，地区研发投入、人力资本投入、集聚经济水平、经济发展水平、产业结构因素以及空间关联性因素是促进区域创新增长的显著因素。

第三，沿海地区的区域创新受自然宜居因素影响较大，而内陆地区的区域创新受城市便利宜居因素影响较大，在经济水平相对不发达的内陆城市，城市便利提供不足，在城市便利资源稀缺的情况下，其优先发挥吸引高技能人才或者企业的作用，而自然宜居因素的吸引力只有在城市便利需求满足了以后才能体现出来。非省会城市比省会城市受到宜居环境因素的影响更大，宜居因素对吸引创新人才和创新企业的重要性在不具备政治资源优势的地区更加突出。地区宜居环境因素对区域创新的影响不因三种专利内容的差异而不同，单因素—空气质量因素对区域创新的影响显著。

最后，宜居环境因素可通过提高地区人力资本和物质资本转化为创新的效率，以及增加地区集聚经济正外部性效应的渠道来影响区域创新产出。仅仅只有地区的人力资本池，即高技能劳动者的增长与宜居环境程度相关，地区的总人口池和就业池则不受地区宜居环境程度的影响，由此地区宜居环境因素对区域创新显著为正的影响并不能推广到宜居环境因素对区域总人口增长以及就业增长的影响上，本书研究的基本假设成立。

目　录

导　论

党的十九大报告指出，“创新是引领发展的第一动力，也是建设现代化经济体系的战略支撑。”作为一项涵盖理论、制度、技术、文化等各方面的系统工程，创新的实现依赖于人才的知识创造。人才是创新思想的提出者、创新活动的执行者、创新领域的开拓者，如何吸引人才和最大化激发人才的创造力对于创新产出的实现具有重要意义。在探究区域创新动力机制时，一个值得思考的问题是：如何充分吸引和利用人才为区域创新发展服务？

基于人口流动的相关研究能够给予我们一些启示。例如，围绕着劳动力空间流动规律这一主题，学界形成了劳动力空间流动的非均衡和均衡两种理论视角。在非均衡迁移理论视角下，劳动力的空间流动被视为是对经济机会空间不均衡的响应，人们倾向于向经济机会多、工资高的地区迁移，直到区域间经济机会趋于均衡（Hunt，1993）。一些实证研究表明，工资水平、失业率、就业增长率、人均 GDP、经济规模等会影响劳动力流动（Arntz，2010；Etzo，2011；Rodriguez - Pose，2012），高学历或者技能型劳动力也不例外。如荷兰大学毕业生倾向于在工资水平较高的地区选择就业（Carree et al.，2014）；英国专业技术人员在职业生涯早期倾向于在就业机会丰富的地区工作（Findlay et al.，2009）。

受第二次世界大战后美国人口向“阳光地带”迁移的启发，格雷夫斯（Graves，1976、1980）发现非经济因素也会影响人口流动，并据此提出均衡迁移理论，称为宜居驱动型迁移理论（Amenity-led migration）。该理论认为宜居因素（如舒适的气候、安全和包容的社会环境等非经济因素）能够补偿经济机会的不足（Graves et al.，1979），是城市吸引高级人力资本的重要变量（马凌等，2018）。这一论断在实证研究中得到有力支持，如斯科特（Scott，2010）的研究表明自然环境、现代服务及社会氛围等方面的宜居因素均影响优质劳动力流动与集聚。就自然环境而言，舒适的气候（如暖冬、凉夏、适宜的湿度等）对人力资本集聚有重要作用（Rappaport，2007；Partridge，2010）。绿色空间作为休闲游憩场所，有助于缓解人们的工作压力（Lottrup et al.，2013），对劳动力区位选择也具有影响作用。在现代服务方面，文化艺术、娱乐、交通、医疗、娱乐场所（如餐馆、酒吧）等服务设施可以影响生活质量，进而影响劳动力的区位选择（Porell，1982；Glaeser et al.，2001；Shapiro，2006；Rodriguez - Pose，2012）。尤其是对于受过高等教育的年轻劳动力而言，服务型宜居因素极具吸引力（Whisler et al.，2008）。在社会宜居因素方面，低犯罪率有利于吸引劳动力（Glaeser et al.，2001；Buettner et al.，2009），佛罗里达（Florida，2002）以种族多样性、同性恋人数代表城市包容度和开放度，实证分析其对高层次创意型人才区位选择的影响，发现包容性、开放性高的城市对人才更有吸引力。

注意到非经济因素 - 宜居因素在吸引人才中的关键作用，本书的一个重要研究假设是，宜居环境因素在塑造区域创新地理中也扮演重要角色。宜居因素（amenities），在国内部分研究中译为“舒适物”，是满足人的感官需求，使人感觉到舒适和愉快的设施、服务和环境。厄尔曼（Ullman，1954）最早提出宜居因素的概念时，其仅仅指代阳光、气候、温度等自然性宜居环境（natural amenities）。随着西方社会进入后工业化时代，宜居因素范围得到进一步扩大，开始涵盖娱乐、文化、餐饮等一系列与消费性便利设施相关的人造事物（consumer amenities）。同时，人们的收入和教育水平日益提高，发展型、享受型需求越来越强烈，城市作为消费中心的功能逐渐增强（武优勐，2020）。由于消费宜居因素主要由城市提供，一些研究也将消费宜居因素称作城市宜居因素（urban amenities）。

除了营造更加良好的居住环境，宜居因素理论的出发点还在于提升城市竞争力，吸引高端人力资本，推动城市创新发展。当前，基于宜居因素展开的研究多集中于考察自然宜居因素和消费宜居因素在人才区位选择过程中所发挥的作用。随着传统经济向新知识经济转型，宜居因素被认为是影响高端人才移入和城市经济增长的重要因素。国内集中于劳动力流动的研究多集中在户籍制度、经济水平等宏观因素，近些年也有学者开始观察城市层面房价、教育、医疗、交通等对劳动力流动的影响，随着宜居因素概念的提出，部分学者从空气质量、城市生态等角度进行了分析（李悦，2020；张艳茹等，

2021)，然而，从整体宜居水平视角分析宜居环境对人才区位选择以及区域创新影响的研究较少。

事实上，人才对宜居因素的重视程度与发展阶段有关，表现为，随着经济的发展和人民生活水平的提高，劳动力在选择区位的过程中越来越看重影响并决定生活质量的宜居因素。随着后工业化时代的到来，城市宜居因素在吸引人力资本集聚、推动城市发展中的作用日益凸显（王伟，2020)。此外，相比于普通劳动力，高文化资本、高收入，以及从事知识密集型职业特征的劳动力更重视宜居环境（李悦，2020；扈爽和朱启贵，2021)。高学历劳动力是人力资本的核心载体，吸引高学历劳动力有利于城市积累人力资本、提高内生增长力，实现创新驱动经济发展。张艳茹等（2021）的研究指出，高学历劳动力的空间格局受城市宜居因素、经济机会及城市规模带来的集聚效应共同影响。从全国层面看，经济机会、城市规模、房价主导高学历劳动力的空间格局，凉爽的夏季气候、优质中学教育资源、游憩及交通资源对其也有重要影响作用。

建造宜居城市是西方国家的一些城市相继进入后工业社会后出现的一类需求导向型城市发展理念，其核心在于通过打造人才偏好的宜居环境，吸引人才集聚，使城市获得更好更高更新的发展先机。宜居因素在城市转型过程中也发挥着关键作用。作为最先倡导宜居因素研究的美国，宜居理念被广泛应用于美国国内的旧城改造和城市更新实践。例如，20 世纪 60 年代，在金融危机的影响下，美国制造业开始衰落。作为当时美国的工业重镇，芝加哥是受影响最严重的城市之一，大量的就业和投资都转向郊区和阳光地带，城市失业率超过 11%，为了挽救衰落中的城市中心，芝加哥政府采取了系列措施，着力于推动城市宜居化转型，围绕的核心目标是建造高品质城市空间，打造中心区的城市宜居性的人工舒适性，通过多年的努力，芝加哥利用城市舒适性成功吸引大量投资、人才和公司入驻，实现城市的转型升级。相较而言，美国另外一所城市 – 底特律与芝加哥类似，也是制造业重镇，其因拥有通用、福特等世界知名汽车公司的总部而成为世界知名的“汽车城”，然而，其虽一直尝试产业转型，但却从未成功，城市中存在很多问题，如犯罪率高、失业率高和人口外流等，2013 年，底特律提出破产申请，温婷（2019）总结底特律转型失败的原因之一是其忽视了城市宜居性。

事实上，随着以信息技术和科技创新为主导的新经济时代到来，以及新工业的不断发展，近年来我国传统工业城市发展也出现了内生动力不足，支柱产业衰退、人口吸引力下降等问题，并面临着资源枯竭、环境污染等问题，多数传统工业城市出现了不同程度的衰落，面临城市更新和转型的难题。结合欧美发达国家的城市发展史，从城市转型角度，宜居因素是知识经济时代决定城市转型是否成功的关键因素。城市能否抓住经济调整窗口期、推动转型升级的关键在于能否吸引到充足的高素质人才，这将深刻影响城市可持续发展及城市创新格局重塑（武优勐，2020）。

过去四十年，我国实现了快速的工业化和城市化，城市的规模不断扩大，城市人口日益增多，与此同时，工业化城市化的负外部性问题，例如，城市生态环境污染、能源紧张以及交通拥堵等也日益凸显，这些负外部性问题在不同程度上降低了城市的宜居水平。此外，伴随着经济的快速发展和收入水平的提升，人们对宜居环境决定的生活质量水平愈加重视。在人民日益增长的美好生活需要的时代背景下，研究宜居因素对人才集聚进而对区域创新发展的影响具有重要的现实意义。

已有的研究指出，吸引创意人才集聚是城市宜居因素发挥创新效应的重要渠道。例如，基于中国 284 个地级市面板数据分析，扈爽和朱启贵（2021）研究得出，城市宜居因素，尤其是公共和社会两方面宜居因素能够显著提升城市创新水平。城市环境宜居对于城市人力资本聚集具有正向吸引效应，即城市环境宜居水平越高，越能吸引人力资本向城市集中。进一步地，人力资本聚集对于城市创新又具有正向效应，城市人力资本聚集，能推动城市创新效应。事实上，宜居环境影响区域创新存在其他可能渠道，例如宜居环境通过吸引物质资本投资和增加人口集聚水平来影响区域创新产出等，已有的研究较少考虑和检验多种渠道机制，本书将拓展这一部分的研究。

在创新引领发展的战略布局下，人才作为创新活动的关键参与者，正成为城市间竞争的重要资源。随着我国人均收入水平不断攀升，人们对生活的追求不再满足于物质需求保障，而是开始重视生活的舒适性和便利性。未来人才争夺战中政府是否能够通过打造宜居的城市环境来提升城市竞争力，吸引更多优质劳动力，促进城市创新水平的提升是值得研究的课题。鉴于此，本书致力于从宜居环境的角度探究中国区域创新动力机制。本书的研究内容主要从以下三方面入手：第一，系统梳理宜居因素的概念并测度中国各地级市层面的宜居水平；第二，理论分析宜居因素对区域创新的影响及其内在影响机理；第三，实证探究宜居因素对区域创新的影响。本书研究为深入理解区域创新的动力机制，如何建造更加宜居的城市环境以及提升创新水平提供了现实依据和思路借鉴。

第一章　宜居性迁移与区域创新

第一节　“宜居性迁移”现象

宜居环境因素，指代对工人和企业具有吸引力的地区特征，是决定地区生活质量的非经济因素，包括地区特有的地理气候条件，城市便利设施和服务等。随着 20 世纪 60 年代以后美国“宜居性迁移”（amenity migration）现象的出现，大量文献开始分析宜居环境因素与地区人口增长，就业增长的关系（e. g. Mueser and Graves，1995；Scott，2010；Lafuente，Vaillant and Serarols，2010；Dorfman，Partridge and Galloway，2011；Brown and Scott，2012；Rodríguez – Pose and Ketterer，2012；Song，Zhang and Wang，2016；Zheng，2016），宜居环境因素被认为是人口经济地理形成的重要推力，尤其对高技能工人的区位决策有显著影响。高技能工人受到地区宜居环境因素的吸引，在一定程度上决定了高技能工人的知识产出之一创新，也更容易受到宜居环境因素的影响。

从现实观察出发，很多研究指出宜居环境因素在人口的区位决策中扮演着愈来愈重要的角色。例如，一些学者将美国城市内部大量“逆向人口”（reverse commuting）的出现归结为宜居环境因素所致（Glaeser，Kolko and Saiz，2001），其中“逆向人口”指的是城市郊区工作，却选择在离工作地更远、地租更贵的市中心居住的人口。当市中心宜居环境因素给家庭带来的效用超过空间移动产生的额外成本时，城市郊区人口“用脚投票”的结果便是在市中心居住。同样，针对“巴黎的富人阶层普遍居住在市中心，而底特律的富人阶层则多住在郊区，市中心居住的多是穷人阶层”的典型事实，还有一些学者将不同城市内部人口地理分布的差异归因于城市内部便利设施分布的差异，相比较而言，法国巴黎市中心更加便利的城市设施和富有历史文化底蕴的建筑物和设施服务对富人更具有吸引力；而在美国底特律，宽敞的户外空间和绿地面积对富人阶层更具有吸引力（Brueckner，Thisse and Zenou，1999）。

中国“逃回北上广”现象（段楠，2012）与美国“逆向人口”的出现有相似之处。在中国城市化进程中，大量的农村劳动力涌入北上广等大城市，其中有不少外地青年无法承受大城市高生活成本的压力选择离开城市返乡农村，然而返乡后的“不适应”又促使这批青年重新返回到大城市，这种不适应主要归因为“宜居消费的不可逆性”，即居民一旦享受了城市提供的便利设施和服务后，便很难适应缺乏城市便利条件的乡村生活。中国城市化进程中的此现象折射出城市便利设施和服务等宜居要素吸引人口的重要性。

然而，研究指出，只有在技术进步，人口收入水平上升，迁移成本下降等的前提下，宜居环境的重要性才凸显（Cairncross，1995；Rappaport，2007；Partridge，2010），即宜居环境重要性的体现需要基于一定的前提。马斯洛的需求层次理论指出，只有低层次的需求满足了以后，高层次的需求才会变得重要起来并影响家庭和企业的区位选择。对环境宜居的关注和需求无疑是一种较高层次需求，这也是宜居环境因素在西方发达国家进入到后工业发展阶段以后得到重视、已有的揭示宜居因素重要性的研究多以发达国家为研究样本的重要原因。与发达国家的国情不同，中国当前仍然是发展中国家，如2017年中国的人均GDP仅有59262元，位列世界七十，然而，过去三十多年来，我国经济实现了快速增长，数据显示，1990～2017年间我国平均的人均GDP增长率高达8.7%①。伴随着良好的经济发展势头以及人们收入水平的持续提高，可以预测到以宜居环境因素为代表的高层次需求因素将得到更多的关注并成为决定人口区位决策乃至中国人口地理的重要因素。

当前，中国总体上是发展中国家的国情说明可能只有较少或者部分人口群体存在对宜居环境强烈的偏好。高技能工人——创新的主要承载体，收入水平往往较高，对生活质量更加重视。另外，专注于分析创新产出，即高技能工人的产出，受到环境宜居特征的影响，即是分析小部分最具创意的人口是否受到宜居性特征影响，有利于捕捉到宜居环境因素可能产生的效应，倘

---

① 世界银行网站数据，https：//data. worldbank. org/indicator/NY. GDP. PCAP. KD. ZG.

若以整个劳动力市场的产出作为研究对象，小部分人口的宜居环境需求极可能被大样本所忽略。本书专注于宜居环境因素对创新影响的研究，是对过去以就业增长，人口增长为被解释变量的细化研究。作为发展中国家，我国以宜居环境因素代表的生活质量因素对经济地理活动的影响的讨论较少。近年来出现的一些研究虽然指出宜居环境因素对城市发展的影响在加强，但是这些研究多以省会城市或部分主要城市作为研究对象，对应的研究结论缺乏全国范围内的普适性。本书研究将致力于从多角度更全面地探究宜居环境因素对中国经济活动的影响。

第二节　何为“宜居环境”？

宜居环境因素是“amenities”的音译。词义上，“amenities”的解释为“feature or facility of a place that makes life there easy or pleasant”，即令人生活方便或愉快的地区环境特征或者便利设施。文献中，经济地理学家厄尔曼（Ullman，1954）将“amenities”定义为令人愉悦的生活环境。史密斯（Smith，1977）将“amenities”定义为城市某地特有的，使人感到舒适、愉悦而吸引人们在其周围居住和工作的各种设施。

在研究中，“amenities”与“livability”（适宜居住条件）都具有以人为本的理念，强调自然生态环境、物质环境等方面的宜居性。但不同的是，“livability”的受众是城市中所有居民，而“amenities”更多关注其对高技能工人的吸引力。此外，“livability”不仅覆盖非金钱因素，也覆盖金钱因素，例如，收入水平、经济状况等，而作为独立研究对象的城市“amenities”则主要关注城市非金钱因素带来的效用；在发展目标上，“livability”主要关注城市居住环境的改善，而“amenities”是在此基础上，将高品质的人居环境与人才流动和城市产业发展联系起来，关注城市的“宜居”和“宜商”方面。

相比之下，宜居环境因素与生活质量（quality of life）的关系更为紧密。在区域经济和城市经济文献中，生活质量被定义为加总的城市宜居环境因素价值（Gabriel，Mattey and Wascher，2003；Albouy，2008；郑思齐，符育明和任荣荣，2011）。在计算中，地区的生活质量也往往通过家庭为宜居环境因素（例如气候，安全和清新空气）的支付意愿来反映（Gyourko，Kahn and

Tracy，1999；Lambiri，Biagi and Royeula，2007）。

文献中，区域经济学领域的 amenities 概念一般具有三大核心特征，分别为：

（1）非金钱因素（非市场因素），即不能用市场价格进行评价的各种生活环境因素，包括自然、历史文化遗产，风景，地域文化，社团，地区的公共服务（如交通、医疗、安全、防止犯罪）等（Greenwood，Hunt and Rickman et al.，1991；Deller，Tsai and Marcouiller et al.，2001；Gabriel，Mattey and Wascher，2003）。

（2）地域性特征（不可替代性），即宜居环境因素只能在当地享受，不可空间移动（Gabriel，Mattey and Wascher，2003；喻忠磊，唐于渝和张华等，2016）。

（3）高需求收入弹性、与高技能工人需求紧密相关（Clark，Herrin and Knapp et al.，2003；Sinha and Cropper，2013；温婷，蔡建明和杨振山等，2014）。

结合“amenities”的核心特征，本书将“amenities”翻译为：宜居环境因素。

“amenities”引入到国内时，不同学者对其概念的理解，定义和测度体系存在一些差异。例如，对“amenities”的翻译有：①舒适性、环境舒适性（杜婷，2006；黄孔融，2010；王璇，2008；周京奎，2009；邓海骏，2011；温婷，林静和蔡建明等，2016；喻忠磊，唐于渝和张华等，2016）；②舒适物（王宁和叶华，2014；王宁，2010、2014）；③便利性（段楠，2012）；④环境特征品质（何鸣，柯善咨和文嫣，2009）；⑤宜居性、宜居程度、宜居性特征（郑思齐，符育明和任荣荣，2011；赵华平和张所地，2013，2014；梁智妍，2014）。

很多学者将宜居环境因素与城市联系起来，使用专用形容词“城市舒适性”（王璇，2008；周京奎，2009；温婷，蔡建明和杨振山等，2014；温婷，林静和蔡建明等，2016）、“城市宜居性”（郑思齐，符育明和任荣荣，2011），“城市品质特征”（范新英和张所地，2015）等。

从词性上看，宜居环境因素是可数名词，指代当地的一种环境特征。已有的翻译例如“舒适性”和“宜居性”，词性上是形容词，使用此翻译容易造成概念的混淆。此外，相比“宜居环境”的翻译，“宜居环境因素”对

“amenities” 的描述更具有可视感和确定性。

国内已有的研究中，张文忠（2007）所指代的“宜居性”与 WHO 的“livability”的概念相似；赵华平和张所地（2013）的研究则提到，“宜居环境”不仅包含城市的环境质量，而且包含城市的经济水平，社会公共服务水平和区位条件等，其将城市的经济水平纳入地区宜居环境评价因子并不符合国外文献中“amenities”概念的核心特征；进一步，郑思齐，符育明和任荣荣（2011）的研究中城市宜居特征的指标包括了地区人力资本，而将人力资本纳入宜居环境因素的内容在国外文献中也比较少见。由此，国内相关研究在引入国外“amenities”概念和指标体系时，定义和衡量标准差异较大。一些国内学者提出人的主观感受也是“amenities”的重要内容（例如，王宁，2010），由于个体对环境的认知和感受存在差异，对“amenities”的理解也将因人而异，倘若将心理因素纳入“amenities”定义内容，会衍生出该定义的多样化和出现指标量化难题。已有的实证研究中也鲜有涉及心理内容。由此，本书在对“amenities”进行定义和指标构建时将不考虑心理层面因素。

“amenities”主要分为两类：“natural amenities”和“urban amenities”。其中“natural amenities 为自然环境特征，包括适宜人类居住的气候和地理特征，如风速、湿度、降雨量、平均气温、极端气温、洁净空气、坡度、土地质量、绿化面积、开放的空间；临近山林、森林、海洋、湖泊、溪流、公园、排水道等环境特征（Duffy - Deno，1998；Lorah and Southwick，2003；Carruthers and Vias，2005；McGranahan and Wojan，2007；McGranahan，2008）。“urban amenities”对应为城市便利特征，即城市出现以后，由人类建造和提供的便利设施，产品或服务（Hoehn，Berger and Blomquist，1987；Blomquist，Berger and Hoehn，1988；Gyourko and Tracy，1991），城市便利特征往往包括①地区特色的消费品和文化娱乐设施，如餐馆、剧院、博物馆、体育馆、公园和艺术馆等；②公共产品和服务，包如低的城市犯罪率、图书馆、公立学校、医院和疗养院等；③便捷的交通基础设施（Glaeser，Kolko and Saiz，2001）等。

宜居环境因素指标的选择对本书研究至关重要。本书在构建该指标体系时，将在梳理和借鉴已有文献基础上，充分考虑“amenities”概念的核心特征和紧密联系中国制度环境来进行选取，以尽可能保证指标构建的代表性和客观性。具体指标介绍将在本书第五章展开。

第三节　宜居性迁移与区域创新

进入信息知识经济时代，经济持续的增长更依赖“创新”。2017年，党的十九大报告提出“建设创新型国家”的发展目标，强调“创新是引领发展的第一动力，是建设现代化经济体系的战略支撑”。2022年我国政府工作报告提出深入实施创新驱动发展战略。为了更好地鼓励创新和为区域创新发展营造良好环境，有必要先认识我国区域创新发展特点，研究区域创新的动力机制，总结创新发展规律，以更好地实现“创新型国家”。本书研究的重点是分析21世纪以后中国区域创新增长的特点及动力机制。

不同于传统的劳动密集型和物质资本密集型产业，创新产业是“人力资本密集型”，其发展依赖高技能工人以及高技能工人的“创造力”。过去探究创新发展的研究中，强调了诸多创新发展的动力因素，如研发投入，人力资本、城市化水平，对外开放度，高校及科研机构，集聚经济，社会网络与文化，经济多样化，政策等因素。在探讨区域创新动力机制中，地区特有的宜居环境因素，包括自然环境质量、城市便利设施和服务等，较少得到关注。宜居环境因素，指代对工人和企业具有吸引力的地区特征，是决定地区生活质量的非经济因素，包括地区特有的地理气候条件，城市便利设施和服务等。随着20世纪60年代以后美国“宜居性迁移”现象的出现，大量文献开始分析宜居环境因素与地区人口增长，就业增长的关系（e. g. Mueser and Graves，1995；Scott，2010；Lafuente，Vaillant and Serarols，2010；Dorfman，Partridge and Galloway，2011；Brown and Scott，2012；Rodríguez－Pose and Ketterer，2012；Song，Zhang and Wang，2016；Zheng，2016），宜居环境因素被认为是人口经济地理形成的重要推力，尤其对高技能工人的区位决策有显著影响。高技能工人受到地区宜居环境因素的吸引，在一定程度上决定了高技能工人的知识产出之一创新，也更容易受到宜居环境因素的影响。

事实上，从世界其他国家的创新地理分布来看，创新发展以及创新集群的形成与当地的宜居环境程度有着密不可分的关系。例如，位于美国西海岸的硅谷区，东海岸的128公路地带被认为是美国最富创新的地区，日本东京的筑波，法国诺曼底附近的米地等也是世界最具创新的地区，大量创新型人才，企业和产业聚集于此。虽然产业集聚，知识溢出和研究型大学在促进创新集群中扮演着重要角色，但这些创新集聚的地区无一例外具有宜居的地理特征：气候温和，风景宜人，环境优美，在国家或者世界宜居城市排行榜中名列前茅。在我国，根据专利申请数统计，2003～2014 年平均人均专利申请量最高的城市分别为深圳、中山、东莞、苏州、无锡、佛山、宁波、珠海、北京、上海、杭州等，而这些城市大部分被认为是中国相对宜居的城市。

据此，本书研究问题有：（1）创新增长在地理上呈现怎样的特点与规律？（2）区域创新增长是否受地区宜居环境因素影响？（3）不同方面宜居环境因素对创新的影响是否存在差异？哪些方面占据主导效应？（4）创新受到宜居环境因素影响的可能机制有哪些？

本书的研究意义在于，第一，过去探究区域创新发展的影响因素研究中较少将宜居环境因素考虑在内，本书提供了一个分析区域创新动力机制的新视角，有助于深入探究和理解我国区域创新发展规律；第二，伴随着我国经济的快速发展以及家庭收入水平的提高，人口对地区生活质量因素将逐渐重视起来，通过探究以地区宜居环境因素为代表的生活质量因素对区域创新的影响可以从侧面反映生活质量因素在中国区域经济中的重要性，本书研究假设，即创新受到宜居环境因素影响是通过创新发展依赖的高技能工人—受到地区宜居环境因素的影响而传递的，这种影响是间接的，除此之外，还存在着直接影响机制，具体有关宜居环境因素如何影响创新的机理分析和讨论将在本书第四章和第七章展开；第三，有关于宜居环境因素重要性的讨论中，宜居环境因素概念界定和指标衡量对于理解其重要性至关重要，国内在引进国外宜居环境因素的概念时，存在概念不清和衡量标准参差不齐的问题。本书的研究将系统梳理和界定“宜居环境因素”概念，并在已有文献的基础上结合中国特点设计一套指标体系，该工作为今后的相关研究奠定了研究基础。

第二章　区域创新发展及其空间地理分布的特点

“创新”（innovation）既是一种行为，过程，也是智力成果的产出。例如，涉及不同方向和内容的“创新”有：技术创新，制度创新，管理创新等。“创新”最初被经济学家熊彼特提出时，仅指代“技术创新”，即开发新技术或者将已有的技术进行应用创新，党的十八大报告提出的“创新驱动发展战略”强调创新的应用性，针对的也是“技术创新”。本书研究的“创新”指代“创新产出”，强调技术创新行为产生的结果，而非技术创新的内容或过程。

已有的实证研究中采用不同指标来衡量“创新产出”，如（1）专利数量，包括①专利申请量（例如，Jaffe，1989；Anselin，Varga and Acs，1997；Baptista and Swann，1998；Acs，Anselin and Varga，2002；German - Soto and Flores，2013；Sleuwaegen and Boiardi，2014；程雁和李平，2007；张钢和王宇峰，2010；李国平和王春杨，2012；李晨，覃成林和任建辉，2017 等）；②专利授权量（例如，郑绪涛，2009；李婧，谭清美和白俊红，2010；蒋天颖，2013；朱俊杰和徐承红，2017 等）；③专利引用量（Agrawal，Kapur and McHale，2008；Agrawal，Cockburn and Galasso et al.，2014）和④专利密度（例如，Crescenzi，Rodríguez - Pose and Storper，2012）；（2）R&D 支出（例如，Cabrer - Borras and Serrano - Domingo，2007）；（3）科学出版物（例如，Cabrer - Borras and Serrano - Domingo，2007；盛翔，2012）；（4）新产品产值（例如，郑蔚和梁进社，2006）。基于数据可得性，本书使用“专利强度”即人均专利申请量，来衡量创新。

本章的典型性事实分析主要从区域创新发展的四个方面入手。首先，基于时间维度上中国创新发展进程的分析，总结中国创新产出总体发展的特点和规律；其次，基于空间维度上中国区域创新地理分布特征的分析，总结区域创新在空间上发展趋势；进一步引入空间探索性方法，第三小节测度和检验了地区之间创新发展的空间相关性关系；最后，第四小节从整体上分析区域创新发展不均衡的程度及发展趋势，总体上，对区域创新发展四个方面的分析有助于深入挖掘出中国创新增长的规律。

第一节　创新发展历程

专利可细分为发明专利，实用新型，外观设计等三大类，其中三种类型的专利保护范围，授权要求，审批程序，保护期限，保护费用也不尽相同①。相比之下，发明专利的技术含量最高，创新性最强，实用新型专利次之，外观设计专利的技术含量最低，创新性最弱②。以专利及其三个子分类专利申请数量作为观察值，1985～2014年间中国创新总量增长的时间变化趋势如图2－1所示。

2003年以前，中国的专利总量维持在一个较低的水平，2003年以后，专利申请量呈指数型增长趋势，2013年达到了峰值，2014年略有下降。改革开放以后，中国的劳动力和资本要素快速流动，经济活力全面释放，经济迅猛发展，2003年以前，虽然我国经济保持了10%左右的年均增长速度，但专利创新仍然发展迟缓，创新活力只有到2003年以后才被全面激发，短时间内增长迅速。2003年以后，我国创新开始与经济增长保持步调

---

① 保护范围上，发明专利可以保护各种产品和方法的创新，实用新型专利的保护范围只限于产品发明，而且只适用于产品的形状，构造或者其结合方面的创新，不保护方法以及没有固定形状的物质，外观设计专利的保护范围主要侧重于产品外表的设计，不涉及产品本身的技术性能。授权要求上，专利的创造性要求最高，实用新型次之，外观设计最低。审批程序上，发明专利首先要经过专利局初步审查，再经过公开和实质审查才能获得专利授权。而申请实用新型专利和外观设计专利，只需要经过专利局初步审查，认为符合专利法要求的，即可获得专利授权，不需要经过实质审查。保护期限上，发明专利的保护期限为自申请日起20年，而实用新型和外观设计专利的保护期限为申请日起10年。保护费用上，发明专利的保护费用要高。

② 参考资料：百度网站，https：//wenku. baidu. com/view/d08461460508763231l212be. html.

一致的高速增长态势，其指数型创新增长的背后与我国党的十六大报告提出重视和鼓励创新的政策导向有关。经济的持续稳定发展推动着经济增长方式的改变。信息技术革命，经济全球化的大发展趋势也刺激我国创新发展。

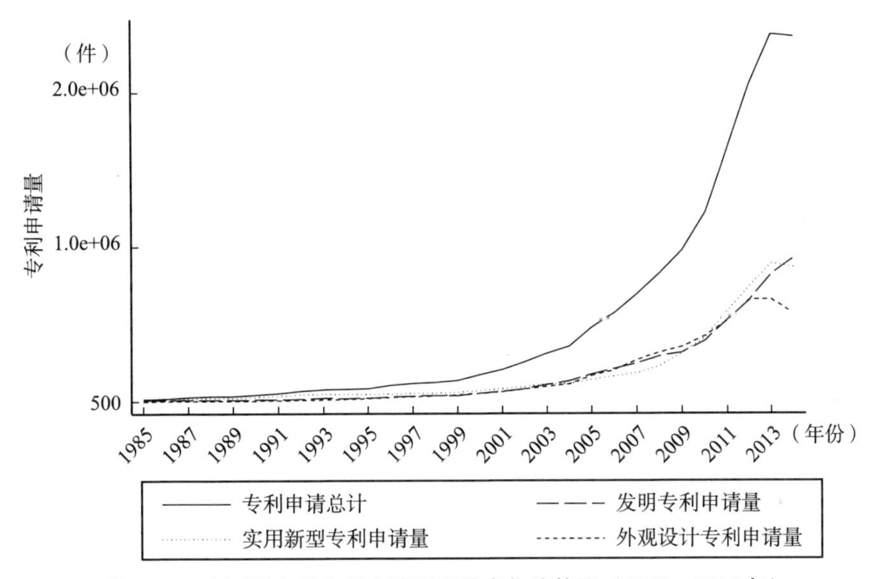

图 2－1　中国国内外专利申请受理量变化趋势图（1985～2014 年）

资料来源：国家知识产权局网站：http：//www. sipo. gov. cn/tjxx/.

三种专利中，发明专利申请数量呈现年度稳步提升，说明中国社会总体的技术创新能力在 2003～2014 年间持续增强，实用新型专利和外观设计专利也保持持续增长，唯一的变化是 2012 年以后表现出一定的滑坡。当以人均专利申请数量作为观察值时，我国专利强度保持了与专利总量同样的增长轨迹，如图 2－2 中中国人均专利申请受理量增长呈现的是同样的指数增长路径。由此，中国创新的快速增长主要发生在进入 21 世纪以后，尤其是 2003 年以后，基于该特点，本书选择以 2003～2014 年的专利增长作为样本时间段。

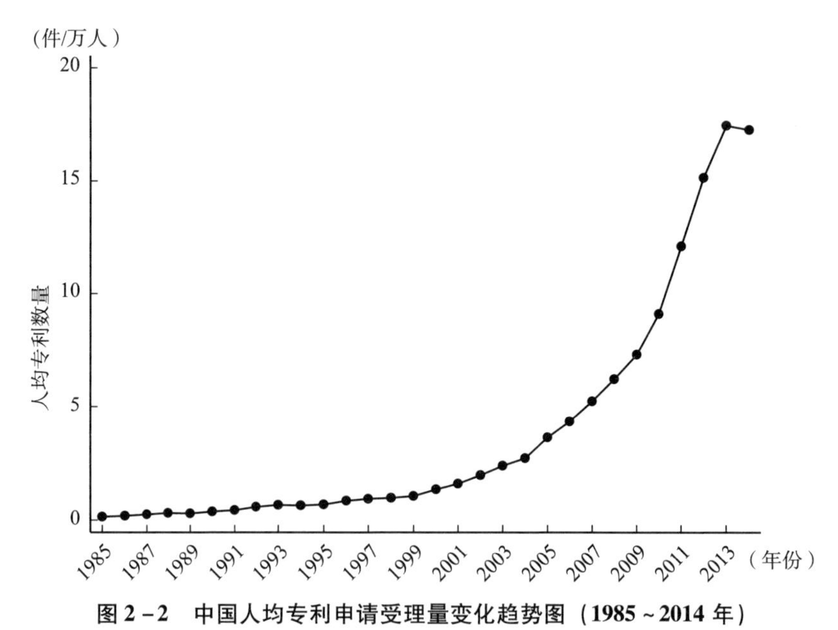

图 2－2　中国人均专利申请受理量变化趋势图（1985～2014 年）

资料来源：国家知识产权局网站：《中国统计年鉴》，http：//www. sipo. gov. cn/tjxx/.

第二节　创新地理分布特征

为进一步展示创新地理分布的特点，图 2－3～图 2－4 分别展示了 2003 年和 2014 年专利创新的区域变化图。从 1985 年我国专利强度分布来看，东部沿海地区和西部地区并无优势，专利总量最高，人均专利最高的城市有四川达州、北京、湖南郴州、陕西延安、湖南宁德、湖北咸宁、江苏南京、吉林、上海、湖南益阳、辽宁沈阳、贵州遵义、天津、湖南长沙、山东济南、黑龙江哈尔滨、甘肃兰州等。从总量上来看，1985 年专利申请量最多的城市有：北京、上海、天津、南京、沈阳、吉林、长沙、济南、武汉、成都、哈尔滨、西安、长春、杭州、广州等。可以发现，专利一般集中在省会城市，同样，在我国省会城市具有特殊的政治地位，专利创新集中在省会城市说明改革开放初期我国创新地理分布受政治因素影响较大，受到计划经济影响突出。由于 1985 年是我国改革开放的酝酿萌芽期，1985 年的创新地理更多呈现的是“计划经济”时期的发展特点。

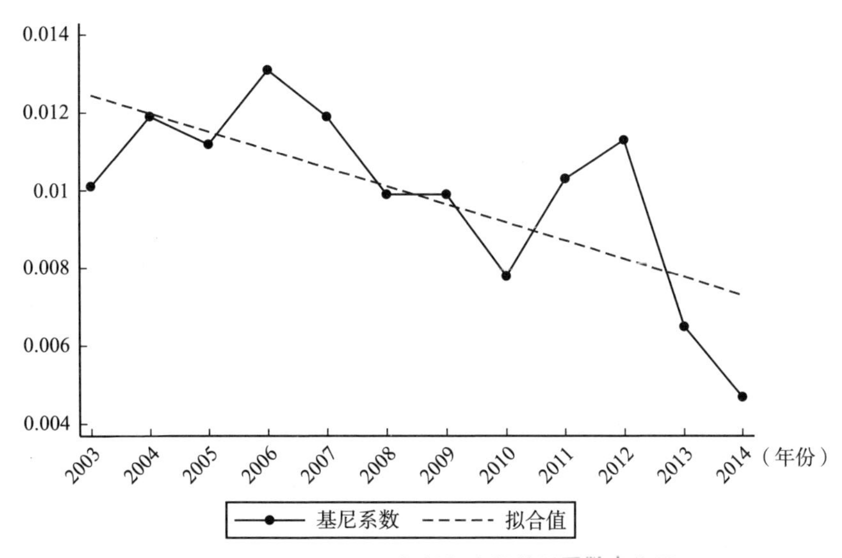

图 2-3　2003~2014 年创新空间基尼系数变化图

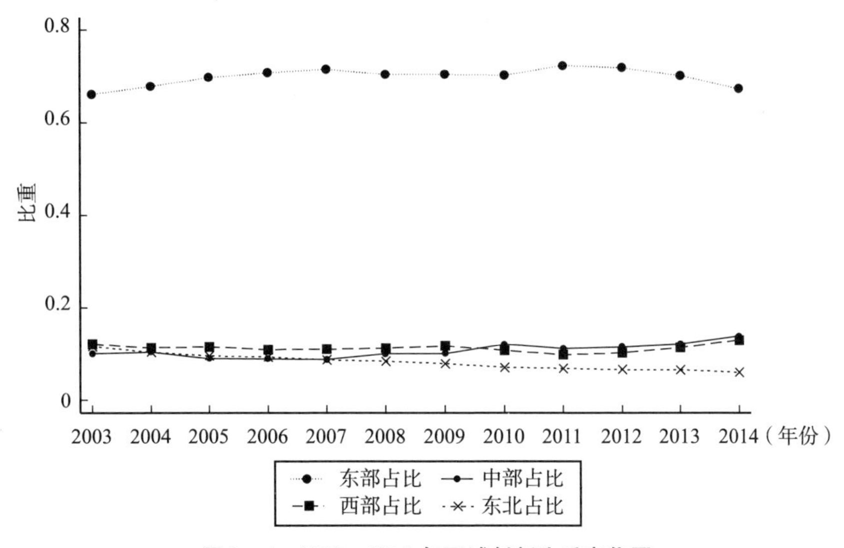

图 2-4　2003~2014 年区域创新比重变化图

2003 年的创新地理相比 1985 年则发生了较大变化。专利创新在空间上更为集聚，专利创新集中在北京市和一些沿海城市。从人均专利数据来看，2003 年我国专利强度最高的城市有：深圳、中山、东莞、佛山、厦门、珠海、上海、北京、广州、吉林、朝阳、东营、天津、杭州、沈阳等，可知专利产出多来自我国经济相对发达的珠三角地区和环渤海地区。这些地区也是我国率先进行改革试点的经济特区城市，例如，深圳市、珠海市、天津市等。从专利总量来看，专利最多的城市有：北京、上海、深圳、广州、天津、佛山、重庆、东莞、中山、成都、杭州、沈阳、吉林、青岛、长沙、宁波、南京等，可以发现提及的这些城市多为我国省会城市，计划单列市和经济特区城市等，虽然计划经济的干预和影响并未完全消除，但从2003年的专利创新分布中，可以捕捉到创新地理呈现出从“计划经济”向“市场经济”过渡的特征，创新活动的地理分布演变大致与经济发展的地理演变吻合，由此，2003年以后的创新产出分布有更大概率是市场经济主导的结果。

“市场经济”作用在2014年的创新地理分布中体现得更为明显。2014年的创新地理分布相比2003年有明显的变化，表现为：首先，地区专利创新能力的整体增强；其次，创新在沿海地区的集聚增多，例如，长三角地区出现了更多的专利创新集聚群；再次，创新集聚在空间上呈现扩散趋势，例如，在接近东部地区的许多中西部城市，专利创新增多。2014年，人均专利创新最多的城市有：深圳、中山、东莞、苏州、北京、无锡、珠海、镇江、宁波、佛山、湖州、朝阳、常州、杭州、南京、厦门、嘉兴、上海、广州、青岛等。专利总量最多的城市有：北京、苏州、上海、深圳、成都、杭州、宁波、无锡、重庆、天津、广州、南京、青岛、西安、佛山、中山、东莞、朝阳等。相比1985年和2003年，创新强市除了省会城市，越来越多的长三角和珠三角地区的沿海城市也列入创新强市，且在人均专利上具有领先地位的城市在专利总量上也具有领先地位。此外，从城市的分布情况可知，创新强市大多为我国的经济相对发达城市，说明创新的发展需要一定的人力资本和物质资本基础。

此外，对比2003年和2014年的创新地理可以发现，创新空间分布除了呈现集群范围扩大的特点，创新集群的周围城市创新强度也较高，这种由内向外集聚扩散的空间特点表明创新的地理分布可能存在一定的地理空间关联性，为探究这一空间相关性，接下来的部分将引入空间探索性方法进行探究。

第三节　创新的空间相关性特征

作为世界上人口数量最多的国家，中国同时拥有广阔的土地面积，地理形势复杂，且不同的地理行政单元间存在着紧密的政治，经济，文化等渊源和联系。已有的关于我国创新绩效空间探索性研究表明，我国区域创新绩效存在显著的空间自相关（空间依赖性）（寻晶晶，2014；李国平和王春杨，2012；蒋天颖，2013），然而，以上结论的得出均基于省级层面数据。本书研究将基于 283 个地级市数据进行。

全局空间自相关用于分析和衡量区域整体的空间关联与空间差异程度。为判断是否存在整体空间自相关，本书将采用全局莫兰指数（Global Moran's I）统计量（Moran，1950）。这一统计量在研究中被广泛运用，其具体的计算公式如下：

$$I = \frac{\sum_{i=1}^{n}\sum_{j=i}^{n} W_{ij}(Y_i - \bar{Y})(Y_j - \bar{Y})}{S^2 \sum_{i=1}^{n}\sum_{j=i}^{n} W_{ij}} \tag{2.1}$$

其中，I 为时间 t 的莫兰指数（Moran's I），$S^2 = \frac{1}{n}\sum(Y_i - \bar{Y})$，n 为区域个数，本书 n = 283，$W_{ij}$为行标准化的空间权重矩阵，$Y_i$ 是地级市 i 的创新产出指标，本书 Y_i 为人均专利申请量，对应的 $\bar{Y}$ 为全国平均的人均专利申请量。莫兰指数值在（ -1，1）之间，大于 0 表示存在正空间相关性，莫兰指数（Moran's I）数值越大，则正相关的带动作用更大；小于 0 则对应为负空间相关性；等于 0 表示地区之间无空间相关性。全局莫兰指数的显著性检验采用一个标准化的 Z 统计量来推断，其计算方法如下：

$$Z = \frac{I - E(I)}{SD(I)} \tag{2.2}$$

其中，I 为全局莫兰指数，E(I) 是理论上的全局莫兰指数均值，SD(I) 是理论上的全局莫兰指数标准差。

空间权重矩阵假定空间单元间可能的空间联系的表现形式，其设置对于检验空间相关关系至关重要。已有的大部分研究认为，空间联系在地理上呈现着地理衰减规律，本研究借鉴文献较为普遍的做法考虑了三类不同的空间权重矩阵，分别为：

①地理相邻空间权重矩阵（也称为0－1空间权重矩阵），其中W为n×n阶矩阵，$W_{ij}=\begin{cases}1, & i, j \text{相邻} \\ 0, & i, j \text{不相邻}\end{cases}$，空间矩阵的对角线元素为0。

②地理权重空间矩阵，$W_{ij}=\begin{cases}d_{ij}^{-\varphi}, & i\neq j \\ 0, & i=j\end{cases}$，其中$d_{ij}$为i、j两个城市的球面距离，φ分别取1和2，φ=1对应的是距离倒数空间权重矩阵，φ=2对应的是距离倒数平方空间权重矩阵。φ取值越大表示空间衰减速度越快。

分别运用各个地级市的专利申请数量和人均专利申请数量作为观测值，表2－1列出了全局莫兰指数的计算结果。

表2－1　Moran's I 指数结果（2003～2014年）（地理相邻空间矩阵结果）

观察值	专利申请数量			人均专利申请数量		
年份	Moran's I 值	Z 值	p 值	Moran's I 值	Z 值	p 值
2003	0.153	4.208	0.000	0.315	10.368	0.000
2004	0.144	3.958	0.000	0.311	9.947	0.000
2005	0.151	4.168	0.000	0.180	5.973	0.000
2006	0.156	4.396	0.000	0.342	10.749	0.000
2007	0.192	5.299	0.000	0.372	11.043	0.000
2008	0.189	5.176	0.000	0.400	11.685	0.000
2009	0.199	5.423	0.000	0.406	11.501	0.000
2010	0.289	7.623	0.000	0.433	11.935	0.000
2011	0.377	10.093	0.000	0.440	11.864	0.000
2012	0.374	10.091	0.000	0.447	11.906	0.000
2013	0.313	8.243	0.000	0.444	11.765	0.000
2014	0.284	7.502	0.000	0.482	12.595	0.000

注：运用Matlab的空间计量软件包对空间距离权重矩阵进行行矩阵标准化。表2－1的计算基于地理相邻矩阵。

首先，以专利申请总数作为观测值的结果来看，2003～2014年的全局莫兰指数全部显著为正，表明存在显著的全局空间相关性；从莫兰指数的数值大小来看，2003～2011 年莫兰指数呈现稳定的逐年递增趋势，表明全局正空间相关性逐年增强，2011 年以后，全局正相关相关性逐年下降。以人均专利申请数量作为观测值的结果中，各个地区的创新强度同样存在全局正空间自相关。从数值上比较，利用人均专利申请数量作为观测值的莫兰指数的数值要明显大于运用专利总量为观测值的莫兰指数结果，该结果说明各地级市之间的专利创新强度比专利总量更为空间自相关。同时，与前面结果不同的是，以创新强度作为观测值的计算结果中 2003～2014 年保持着稳定的逐年增强的正空间相关性。

为了检测空间权重矩阵设定对于全局空间相关性检验带来的影响，本书还同时运用了距离倒数空间权重和距离二次方倒数空间权重矩阵计算全局莫兰指数，计算结果如表 2－2 和表 2－3 所示。

表 2－2　Moran's I 指数结果（2003～2014 年）（距离倒数空间权重矩阵结果）

观察值	专利申请数量			人均专利申请数量		
年份	Moran's I 值	Z 值	p 值	Moran's I 值	Z 值	p 值
2003	0.041	6.628	0.000	0.071	13.420	0.000
2004	0.048	7.735	0.000	0.080	14.722	0.000
2005	0.047	7.597	0.000	0.066	12.584	0.000
2006	0.044	7.368	0.000	0.079	14.301	0.000
2007	0.049	7.882	0.000	0.083	14.158	0.000
2008	0.046	7.415	0.000	0.082	13.718	0.000
2009	0.049	7.830	0.000	0.084	13.594	0.000
2010	0.070	10.668	0.000	0.095	14.933	0.000
2011	0.091	13.917	0.000	0.109	16.798	0.000
2012	0.096	14.854	0.000	0.117	17.717	0.000
2013	0.078	11.798	0.000	0.117	17.568	0.000
2014	0.069	10.532	0.000	0.127	18.778	0.000

表 2-3 Moran's I 指数结果（2003~2014 年）（距离倒数二次方空间权重矩阵结果）

观察值	专利申请数量			人均专利申请数量		
年份	Moran's I 值	Z 值	p 值	Moran's I 值	Z 值	p 值
2003	0.131	4.925	0.000	0.183	8.281	0.000
2004	0.156	5.822	0.000	0.208	9.111	0.000
2005	0.149	5.613	0.000	0.180	8.103	0.000
2006	0.138	5.300	0.000	0.207	8.894	0.000
2007	0.152	5.729	0.000	0.218	8.850	0.000
2008	0.140	5.244	0.000	0.212	8.498	0.000
2009	0.148	5.535	0.000	0.217	8.436	0.000
2010	0.218	7.863	0.000	0.258	9.710	0.000
2011	0.315	11.474	0.000	0.341	12.530	0.000
2012	0.334	12.278	0.000	0.370	13.431	0.000
2013	0.251	8.996	0.000	0.344	12.438	0.000
2014	0.211	7.604	0.000	0.358	12.764	0.000

采用另外两种不同的空间权重矩阵，全局莫兰指数在 2003~2014 年的数值仍然显著为正，该结果有力地支持了中国创新在地理分布上存在显著的正空间相关性特点。正空间相关性说明一个创新强市的周围地级市也能从该地区创新的发展中受益，这种互相促进的关系与创新的知识外溢效应有紧密关联。从结果上比较，以人均专利作为观察值的全局莫兰指数数值均大于以专利总量作为观察值的结果，表明创新强度比创新总量更能代表地区的创新能力。此外，三种不同地理单元空间关系设定下，地理相邻矩阵下的空间相关性最强，距离二次方倒数权重矩阵次之，距离倒数矩阵最低。

第四节 区域创新发展差距

以上区域创新空间集聚和空间正相关的特点在一定程度上表明，中国地区间的创新差距在不断拉大。中国各个地区逐年提高其在创新研发方面的投入总量和强度，致力于提升创新产出效率，已有的结果也表明自 2003 年以来，我国科技创新发展态势良好，创新能力持续增强，但我国不同区域仍然存在着创新投入和创新能力发展不平衡的问题。为了反映创新分布的空间不均匀程度，本书首先计算创新地理分布的空间基尼系数 G（Krugman，1991）。计算公式如下：

$$G = \sum_{i=1}^{n} (S_i - X_i)^2 \tag{2.3}$$

其中，n 为区域个数，对应到本书中，n = 283。S_i 为地级市 i 的专利数量占全国[①]专利数量的比重，X_i 为地级市 i 就业人数占全国总就业人数的比重。G 的值介于 0 和 1 之间，G 越大，表示创新在地理分布不均匀程度越高，2003 ~ 2014 年的空间基尼系数计算结果见图 2 – 3。

从图 2 – 3 的基尼系数的时间变化趋势线可知，总体上，随着时间推进，中国各个地区之间的创新不均衡程度在下降。这一结论与已有研究中运用省级数据的结论不一致，这一结果表明即使我国省份之间的差距在增大，但总体上地级市之间的差距在缩小，该结果与前面地理分布中随着时间推进有更多的地级市发展创新的特点一致。从具体年份的基尼系数值来看，2006 年、2012 年和 2013 年的基尼系数值较前一年有所提高，表明这三年相比其前一年的不均衡程度提高，原因可能是创新的发展存在较多不确定性，或者存在滞后效应，在这三年中，个别地区的创新数量的突然增加会提高总体的不均衡程度。但从总体的区域不平衡发展趋势来看，空间不均衡的差距在缩小。

为反映我国创新产出空间布局演变态势，进一步将我国分成东北、东部、中部、西部四大区域[②]，将地级市数据加总到区域进而计算各区域占全国的比重，图 2 – 4 呈现了我国四大区域从 2003 年到 2014 年的比重变化趋势图。

从我国创新在四大区域的比重分布来看，东北地区的占比在逐年下降，中部地区的占比在缓慢提升，中国东部和西部地区时增时减，但变化幅度均

① 注：由于中国很多地级市的专利数据缺失，因此这里的全国专利数量和全国就业人数均指 283 个地级市的加总值，而非真正意义上的“全国统计值”。

② 参照《中国统计年鉴》关于各区域的划分方法，东北区域包括辽宁、吉林和黑龙江 3 个省份；东部区域包括北京、天津、河北、上海、江苏、浙江、福建、山东、广东和海南等 10 个省份；中部区域包括山西、安徽、江西、河南、湖北和湖南等 6 个省份；西部区域包括内蒙古、广西、重庆、四川、贵州、云南、陕西、甘肃、青海、宁夏和新疆等 11 个省份。对应地，按照各地级市所属省份来计算加总的各区域专利数据。

不大，2003 年和 2014 年首尾两年的比重基本保持在同一个水平上。总体看来，随着时间推进，四个地区之间的发展相对平衡，没有出现大幅度的变动。倘若将创新看作地区间资源重新洗牌的一个结果，那么 2003 ~2014 年主要的变化发生在中国的中部和东北地区之间的重新洗牌，中部的创新发展获得更多优势，发展速度超过平均水平，而东北地区则丧失了优势，创新速度低于平均水平，东部则一直保持创新领先水平。

创新活动本身的规模经济和知识外溢的特点决定了其具有地理集聚的发展趋势。此外，创新对自然条件的依赖程度相对较低，更多的是人力资本投入的一个结果，同时在一个多样化，人口更集聚的环境中创新更容易产生。以上特点共同决定了区域创新具有向空间上人力资本多的区域集中发展的趋势。

虽然盛翔（2012）指出，创新能力的不平衡增长可能导致我国原本不平衡的区域经济更为糟糕。但不平衡增长也并非是坏的征兆，非平衡增长在特定阶段有它的必要性。例如，按照我国改革开放的发展计划，我国沿海地区被鼓励优先发展起来。近年来，随着经济水平的持续提高，党的十九大提出将我国的不充分不平衡问题列为经济发展的主要矛盾，说明未来我国的政策发展导向是致力于缩小地区之间的差距。本书基于区域创新发展差距特征的研究表明，区域创新存在地理集中的特点，但随着越来越多的城市进行创新，总体的区域不均衡程度在下降。

第五节　结　　论

以专利强度作为创新产出的衡量指标，本章首先回顾了我国自 1985 年以来创新的发展历程，研究发现一直到 2003 年我国的创新发展才开始呈现迅猛发展势头，而之前的创新发展进程缓慢，这在一定程度上与我国经济发展水平，改革开放的力度以及政策导向有关。从创新地理分布上来看，2003 年以后的创新产出地理与区域经济发展地理高度融合，表明创新首先在我国经济发达的地区发展，这与创新发展需要以一定的经济发展条件和创新投入有关。总体上，2003 年以后的创新增长更多呈现出受市场经济影响较大的特点，与改革之初创新分布是计划经济的结果形成对比，这一特点为本书探寻创新的动力机制规律提供了重要分析基础。与经济发展特点类似，创新的地理分布呈现集中的特点，东部沿海地区，尤其是长三角和珠三角城市群的专利创新强度高，创新性强。从时间演变上观察，本章发现不仅沿海地区出现更多的集聚群，靠近沿海的许多中部地区城市创新能力也在提升。且与主流文献的观点不一致，本书研究发现 2003 ~ 2014 年我国地级市层面的整体专利分布不均衡程度在降低，主要原因可能在于本书计算基于的是地级市层面的数据，而原来的区域创新不均衡程度的计算多基于省份数据，这一结果说明运用省级层面数据探究创新可能使得地级市之间的差别被掩盖，总之，该结果一方面说明地区与总体上地区之间创新发展差距在缩小，缩小的差距得益于更多的城市开始发展创新，另一方面该结果揭示了运用更小地理单元数据的必要性。

此外，创新的地理分布还呈现出显著的空间相关性特点，基于三类不同的空间权重矩阵计算的全局相关指数结果表明，2003 ~ 2014 年我国地级市的创新发展存在显著为正的空间相关性，且相互关联的程度随时间增强。基于区域创新空间相关性特点，本书在实证部分除了引入一般计量模型，还将引入空间计量模型进行讨论分析。

第三章　相关理论回顾

已有文献就宜居因素对人口增长，就业增长的影响进行了大量讨论分析。由于宜居环境是人类的高层次需求内容，有关其重要性的分析多以发达国家为研究对象。随着中国经济的高速增长和居民收入水平的快速提升，可以预期到代表着生活质量的宜居性因素在中国的经济地理中也会扮演重要角色。该部分将围绕着宜居环境因素在经济地理中的角色和重要性展开，包括宜居环境对人口地理和就业地理的影响以及 hedonic 模型的应用；理论回顾的第二部分围绕介绍区域创新的影响因素展开；第三部分围绕着宜居环境因素与创新的关系展开，尤其将宜居环境因素的重要性与高技能工人的需求联系起来，分别综述宜居环境因素对高技能工人和高新技术企业区位决策的影响。最后，在文献梳理和总结的基础上，挖掘本书的研究命题和研究思路。

第一节　宜居环境因素重要性的研究

关于宜居环境因素重要性的研究，一般基于两种分析框架：空间不均衡框架和空间均衡框架。其中在空间不均衡的框架中，假定空间上不同地区间存在效用差异，效用差异导致人口迁移。就业机会和宜居环境因素被认为是主导人口迁移最重要的两大因素。针对人口迁移受何种因素主导的问题，分别形成了就业机会学派（job opportunity-driven migration）和宜居环境学派（amenity-driven migration）。在空间均衡框架下，假定空间上不同地区间不存在效用差异，效用均等前提下劳动者或者企业无动机偏离均衡，空间上不存在人口迁移现象，考虑到信息不对称和市场摩擦等因素，现实中可能存在部分迁移人口，但该部分人口比重往往小至可忽略不计，空间均衡框架下讨论宜居环境因素重要性以 hedonic 模型为主。hedonic 模型提出，实现地区效用空间均衡时，宜居环境因素效用会被完全资本化在土地租金价格和劳动者的工资率中，故利用房地产市场数据和劳动力市场数据可计算得出每一类宜居环境因素的隐含价值（implicit price），加总地区所有环境特征因素的隐含价值可进一步计算出地区宜商环境指数和宜居环境指数。其中，宜居环境指数在研究中一般与“生活质量指数（quality of life）”的概念等同。以下将分别对每一个框架下的研究展开综述和分析。

考虑到宜居环境因素的分类和衡量指标对解读研究结论十分重要，在综述具体文献观点之前，本书首先对宜居环境因素的分类及测度指标进行文献梳理。

一、宜居环境因素分类与测度指标

文献中存在不同的宜居环境因素分类法，如二分法、三分法，四分法等。例如，克拉克、赫林和纳普等（Clark，Herrin and Knapp et al.，2003）将amenities 分为自然宜居因素（natural amenities）（如温度、湿度、是否沿海等）和社会宜居因素（social amenities）（如博物馆、咖啡店，文化娱乐设施等）两类；布鲁克纳、提斯和泽努（Brueckner，Thisse and Zenou，1999）提出了 amenities 的三分法，将 amenities 分为自然宜居因素（如河流、山地、海岸）；历史便利因素（historical amenities）（如历史遗留给人类的文化艺术品和建筑等）和现代便利因素（modern amenities）（如剧院、饭店、体育设施等）；格莱泽、科尔科和赛兹（Glaeser，Kolko and Saiz，2001）提出了 urban amenities 的四分法，将 amenities 分为丰富的商品及服务市场（the presence of a rich variety of services and consumer goods）；具有美感的建筑和科学的城市规划等组成的城市外观（aesthetics and physical setting）；低犯罪率和完备的公共服务设施（low crime rate，good public service）以及便捷的交通和通信基础设施（speed）。

总体来看，国外文献中 amenities 的具体内容主要体现在两个方面：一类是自然界的因素，另一类是人类供给的因素。对于大自然提供的因素，文献中普遍命名为“natural amenities”，而与人类供给有关的因素，不同文献中对其命名和指标选择的差别较大，如有些研究根据具体属性和种类来命名，如历史宜居性，现代宜居特征，文化宜居特征，社会宜居特征等。考虑到人类提供的便利因素与自然界的因素是一对对立的概念，本书将采用二分法，将宜居环境因素分为自然宜居因素（natural amenities）和人工宜居因素，由于后者一般是城市形成以后，由城市所供给的，因此大部分研究将其命名为“urban amenities”，为了研究简便，本书采用该命名方法，将第二类“man-made amenities”称之为“urban amenities”，翻译为“城市便利因素”，强调城市的人工便利设施和服务职能，第一类宜居因素则统一翻译为“自然环境质量因素”，简称为“自然宜居因素”。

总结已有文献，在指标方面，自然宜居因素的衡量指标主要有：（1）气候指标，如温度、降雨量、日照时数、湿度、空气质量、云雾天气等；（2）地理位置指标，如是否靠近海洋、湖泊、溪流、山川、国家公园等；（3）户外空间和绿化率指标等（McGranahan，1999；Deller，Tsai and Marcouiller et al.，2001）。城市便利因素的测度因素主要有：（1）消费品的供应与休闲娱乐设施服务，如饭店、酒吧、购物中心、游乐场，体育设施等；（2）文化娱乐设施，如影剧院、博物馆、艺术馆等；（3）公共产品和服务，如学校和医疗卫生机构，基础设施状况和公共交通服务等。

值得提及的是，最初对宜居环境的研究侧重的是自然环境质量因素（Ullman，1954）。例如，为了研究方便，美国农业部在 1999 年制定了专门的自然宜居环境指数，将自然环境质量由低到高分为 7 个等级，数据覆盖美国所有地区的县（county）并进行年度更新①。该指数分类的依据有冬天平均温度和阳光时数，夏天平均温度和湿度，地形特征和水域面积等。环境质量等级越高代表自然宜居环境越好，这一数据在研究中被广泛引用。一直到 20 世纪 90 年代后期，随着城市在经济发展中扮演越来越重要的角色，才有学者提出“urban amenities”的概念并强调其对吸引人口和城市发展的重要性，随着研究的深入，城市便利环境因素的重要性得到越来越多的关注和讨论。

为了体现文献中宜居环境因素常用的命名和衡量指标，表 3－1 和表 3－2 分别列出了部分国外和国内文献中的观点以进行对比。

---

① 美国农业部网站，https：//www. ers. usda. gov/data－products/natural－amenities－scale. aspx.

表 3－1　　宜居环境因素（amenities）的测度国外参考文献举例

参考文献	名称	衡量指标
穆瑟和格雷夫斯（Mueser and Graves，1995）	amenities	一月和七月的平均温度、七月平均湿度、日照量、降雨量、湖泊数
布洛姆奎斯特、伯杰和霍恩（Blomquist，Berger and Hoehn，1988）	amenities	降雨量、湿度、炎热天气天数（heating days）、寒冷天气天数（cooling days）、风速、阳光、空气质量等；是否靠近海洋、墨西哥海湾、五大湖；下水道的覆盖率；公园的参观者人数
布鲁克纳、提斯和泽努（Brueckner，Thisse and Zenou，1999）	natural amenities，historical amenities；modern amenities	是否接近河流、山地、海岸；建筑；剧院、饭店、体育设施
麦格拉纳汉（McGranahan，1999）；戴勒、蔡和马库耶尔等（Deller，Tsai and Marcouiller et al.，2001）	amenities	气候条件；是否接近山、湖泊、森林；国家公园数量、广阔的户外空间；娱乐设施等
格莱泽、科尔科和赛兹（Glaeser，Kolko and Saiz，2001）	urban amenities	餐馆、剧院、购物中心、互联网；建筑物的风格和美感、气候、气温；学校；犯罪率；交通基础设施，通勤时间
克拉克（Clark，2003）	natural amenities，artificial amenities	温度、湿度、水资源和自然景观；歌剧院、果汁吧、博物馆和咖啡馆
克拉克、赫里安和纳普等（Clark，Herrin and Knapp et al.，2003）	natural amenities；social amenities	温度、湿度、是否沿海 博物馆、咖啡店，娱乐设施
加布里埃尔、马蒂和瓦舍尔（Gabriel，Mattey and Wascher，2003）	amenities	气候因素（降雨量、湿度、热天气天数、冷天气天数、风速、阳光时数、空气质量）； 地理位置（临近公园、排水道、海岸线） 交通基础设施（通勤时间），公共服务和高等教育，财政的，环境的公共的基础设施政策（中小学教育支出，福利支出以及高速公路的财政支出）
麦迪逊和比加诺（Maddison and Bigano，2003）	amenities	降雨量、多云天气、年平均气温
柴郡和马格里尼（Cheshire and Magrini，2006）	amenities	气候条件（潮湿度、是否有雾、多云、最高温度和最低温度）
拉帕波特（Rappaport，2007）	amenities	夏天和冬天的平均温度；过去的人口密度
阿尔布伊（Albouy，2008）	natural amenities；urban amenities	炎热天气的天数和寒冷天气的天数、阳光、靠近沿海、土地的坡度、餐馆、酒吧、艺术和文化氛围（places rated）、空气质量和安全性

续表

参考文献	名称	衡量指标
拜耳、基欧哈内和蒂明斯（Bayer，Keohane and Timmins，2009）	amenities	空气质量
郑、符和刘（Zheng，Fu and Liu，2009）	amenities	自然环境特征（夏天温度）、社会环境特征（医生的可得性和居民的平均受教育程度）和环境质量（二氧化硫排放量，绿地面积和道路密度）
麦格拉纳汉、沃扬和兰伯特（McGranahan，Wojan and Lambert，2010）	amenities	一月的平均气温和阳光天数，七月的平均气温和最低湿度、地形、水环境、森林覆盖率；旅馆和餐饮业人数，人口密度
斯科特（Scott，2010）	amenities	一月的平均温度，艺术家的区位熵指数（Florida's bohemian index，包括如作家、剧作家、设计师、舞蹈家、音乐家、歌唱家、演员、导演等八类职业人口）、人口密度、城市总人口
郑、卡恩和刘（Zheng，Kahn and Liu，2010）	environmental and climate amenities; green amenities; university amenity	气候因素、空气质量、人均绿地面积、是否沿海
美国农业局多夫曼、帕特里奇和加洛韦（Dorfman，Partridge and Galloway，2011）；陈和帕特里奇（Chen and Partridge，2013）	natural amenities	美国农业部公布的各个地区自然宜居性的等级数据1～7等级，等级越高代表宜居性条件更好。测度标准为：冬天温度、冬天阳光时数、夏天温度、最低的夏天湿度、地形特征变化和水域面积

表3－2　　宜居环境因素的测度国内参考文献举例

参考文献	名称	衡量指标
王璇（2008）	自然环境舒适度	公园、绿地的数量和规模；公用空地的数量和规模；建筑密度和高度
何鸣、柯善咨和文嫣（2009）	城市环境特征品质	自然环境质量（包括气候资料、绿化率、二氧化硫）和消费者环境特征品质（包括城市的公共服务水平、小学师生比、城市人均医院床位数、市辖区人均公共汽车数），市辖区非农业人数密度
周京奎（2009）	城市舒适性	基础设施环境舒适性、公共卫生与生态环境舒适性、人文环境舒适性、社会服务环境舒适性、社会安全性及城市拥挤程度共24个指标

续表

参考文献	名称	衡量指标
郑思齐、符育明和任荣荣（2011）	宜居性特征	气候、绿化面积、道路容量、医护服务的可得性，平均教育年限，二氧化碳排放，交通拥堵
周杨（2012）	舒适性	植被覆盖度、河流水域的临近性、公园广场的可达性
梁智妍（2014）	生活质量	自然生态环境因素包括平均降雨量、平均气温、空气质量达标天数、固体废物利用率、生活污水处理率；公共设施社会服务包括：城市人均公园绿地面积；人均道路面积；每万人拥有公交汽车数；医院床位数；公共图书馆
赵华平和张所地（2013、2014）	经济环境、社会环境、生态环境和区位环境四个方面	经济水平、收入水平、产业结构、居住条件、交通条件、教育设施、医疗设施、文化设施、生活设施、通信设施、自然环境、环境绿化、环境治理、自然区位、交通区位、政治区位、文化区位等方面
温婷、林静和蔡建明等（2016）	城市舒适性	气候因素、空气质量、水质（城市污水处理率）、医疗设施、住房、职业发展（人均上市企业总部数）、教育（人均高质量中学数，人均“211”和“985”大学数）、交通、休闲设施（人均剧场、影剧院数、人均餐馆数量、人均休闲娱乐场所数量）、户外休闲空间、历史文化氛围（城市历史文化指数）、邻里氛围（居民受教育程度）、社会包容度（社会舆论参与度与态度）
喻忠磊、唐于渝和张华等（2016）	城市舒适性	自然环境（平均气温与人体最适宜温度之差、一月日照时数、一月平均气温、生态用地比率）；城市公共服务（小学师生比、中学师生比、百万人拥有剧场、影剧院数、公共图书馆藏书，每万人拥有的医疗床位数、每万人拥有的医师人数、每万人出租车拥有量、每万人公共汽车拥有量）；城市基础设施（人均居住建筑面积、用水普及率、燃气普及率、建成区供水管道密度、建成区排水管道密度，互联网普及率，人均实有道路面积）；环境卫生条件（污水处理率、生活垃圾无害化处理率、单位面积建成区内道路保洁面积；空气质量优良天数比例）；休闲游憩环境（人均公园绿地面积、单位面积上的年游客接待量；每万人拥有的娱乐、文化、住宿和餐饮就业人员），社会氛围（大学及以上学历人口比例；城镇居民恩格尔系数、城镇登记失业率、港澳台及外资企业比例；游客规模/市域人口，商品房销售价格；建成区人口密度）

基于城市发展阶段和文化背景的不同，有关宜居环境因素的衡量中西方存在差异，本书在进行指标设计时将依据中国现实特点来进行，具体的指标构建将在第五章展开介绍。

二、宜居环境因素的隐含价格——hedonic 模型

“hedonic price model”简称为 hedonic 模型，翻译为特征价格模型或隐含价格模型（何鸣，柯善咨和文嫣，2009），该模型揭示了空间均衡状态下劳动工资率、土地租金率与宜居环境因素之间的关系。在迁移成本为零的条件下，人们将尽量选择符合自身宜居环境偏好的社区，当每个居民都做出类似选择时，宜居环境因素则会被资本化到住宅价格中（Tiebout，1956）。隐含价格模型最初由罗森（Rosen，1974）提出，其通过家庭效用最大化的决策函数和收入的约束条件，推导出所有非市场因素的隐含价格。罗森（Rosen，1979）和（Roback，1982）在罗森（Rosen，1974）的基础上将模型进行了扩展，其中非市场因素针对地区宜居环境因素要素。hedonic 模型的核心观点是达到空间均衡时，地区间土地租金率和工资率的差异可反映宜居环境因素的差异，换言之，在空间均衡条件下，一个地区的宜居环境因素的隐含价值由地区之间的工资率和房租差额来体现。罗森（Rosen，1974）和罗巴克（Roback，1982）是提出该观点和思路的最早期的两篇重要文献，后来的研究相应地将探究宜居环境因素隐含价格的 hedonic 模型简称为“Rosen - Roback 模型”，指代用来计算宜居环境因素“价格”的模型。

从消费者角度，宜居环境因素隐含价格指代的含义是：增加一单位宜居环境要素给消费者带来的边际效用。从企业角度，宜居环境因素隐含价格指代的含义是“企业增加一单位宜居性要素产生的边际成本”，该成本值可能为正，也可能为负，分别对应了企业的“正宜居性要素”和“负宜居性要素”。

与普通商品市场的消费非排他性不同，土地资源的有限性决定了土地资源具有消费的排他性，这一特征构成了环境特征模型的约束条件。除了土地资源的排他性，基础 hedonic 模型的假定有：（1）工人对宜居环境因素的偏好相同、工作技能同质；（2）资本和劳动均具有流动性，工人的空间迁移成本为零；（3）土地市场和劳动力市场同时出清。后来的研究在基础 hedonic 模型基础上通过放松模型假定扩展了研究结论，例如罗巴克（Roback，1982）放松了所有工人同质性偏好的假定，将工人类型由一种推广到两种，分别对应普通工人者和管理者，两类工人技能互补，放松了假定后的模型认为，对于宜居环境偏好更强的工人而言，两个地区的真实工资差距将被低估；

而对于宜居环境偏好不强的家庭而言，这一差距则被高估了；拜耳、基奥哈内和蒂明斯（Bayer，Keohane and Timmins，2009）在 hedonic 模型中引入迁移成本的研究结果表明，考虑迁移成本的宜居环境因素（以空气质量为例）边际支付意愿是不考虑迁移成本下的支付意愿的三倍多。当需要考虑家庭偏好的异质性时，模型还可以得到进一步调整。

生活成本（cost of living）主要由住房成本（通过土地租金率体现）和非住房支出组成。基础的 hedonic 模型认为，地区之间工资差距来由生活成本差距和宜居环境因素差异来解释，而扩展的罗巴克（Roback，1988）的实证研究结果表明，美国主要城市之间的工资差距主要被由地区的宜居环境因素差距所解释，而不是住房成本（土地租金率）之间的差距。

hedonic 模型广泛应用于计算地区的生活质量水平，其中生活质量指数（quality of life index）为地区宜居环境因素模型的隐含价值加总。例如，麦迪逊和比加诺（Maddison and Bigano，2003）运用结构方程的方法探究 1991 ~ 1995 年间意大利宜居环境因素（降雨量，多云天气，年平均气温）的隐含价值，研究结果表明，意大利家庭为享受好的气候（例如，不那么炎热的夏天和天气温和的夏天）的边际支付意愿较高，其将基于 hedonic 模型结果与意大利米兰一份报纸的有关宜居性排名指标数据进行对比，发现两种结果基本吻合；布洛姆奎斯特、伯杰和赫恩等（Blomquist，Berger and Hoehn et al.，1988）基于美国 1980 年 253 个县级层面的宜居环境因素和价格数据（包括气候，环境，城市基础设施等因素）计算各县的生活质量指数，该研究计算生活质量指数时不仅包括区域之间的差别，也包括区域内部之间的差别，研究发现区域之间和区域内部都存在着显著的差别；为了提高地区生活质量环境评价的精确度，吉尤尔科和特蕾西（Gyourko and Tracy，1991）加入了城市固定特征和工人以及房租质量特征的控制变量，其探究地区公共金融结构（财政措施）与生活质量之间的关系，研究得出在解释地区土地租金和工资水平差异上，地区的财政措施和宜居环境因素一样重要；斯托弗和利文（Stover and Leven，1992）则讨论地区城市生活质量决定因素的方法性问题，其在扩展的模型加入了劳动力和房地产市场在决定地区宜居性差异的交互项；将生活质量排名从一种维度扩展到多种维度，奇奥多、埃尔南德斯 - 穆里略和欧阳（Chiodo，Hernandez - Murillo and Owyang，2003）运用 Saint Louis 地区的学校数据和非线性的 hedonic 模型探究学校质量带来的溢价（premium），基于美国1980年253县级城市区域的数据分析结果表明随着收入和教育素质的提高，家庭愿意为孩子上好学校支付更高的费用；加布里埃尔、马蒂和瓦金尔（Gabriel，Mattey and Wascher，2003）在计算美国各州生活质量指数的同时，研究了地区生活质量指数在时间维度上的动态变化，实证结果发现：70%～75%的家庭生活成本（包括住房和非住房的支出）变动可以被宜居环境因素差异所解释，接近水环境、国家公园，以及拥有公共的联邦土地等是显著的正宜居环境因素，相比之下，不适的气候状况，如降雨量多，湿度大，相对频繁的极端温度，多风的天气，土壤污染和空气污染是显著的不宜居环境因素。

Rosen－Roback模型中，城市生活质量和城市生活成本与地区的工资水平成正比。运用hedonic模型计算各个城市的生活质量指数时，应尽可能地考虑到税率因素、家庭收入，家庭支出及支出构成部分。通过引入联邦税率，非住房支出以及非劳动力收入，阿尔布伊（Albouy，2008）对hedonic模型进行了调整，调整后的方法可以预测到住房成本与工资水平的变化关系，并且住房成本和著名的城市宜居环境（livability）排名保持一致。除了测度生活质量水平，阿尔布伊（Albouy，2008）还探究生活质量水平与城市规模之间的关系，研究结果表明宜居环境排名结果不会随着城市规模大小而变，温和的气候、阳光、山川以及沿海临近性显著地解释都市区内部的生活质量差异；在城市便利性方面，居民对住在艺术文化，酒店和旅馆以及空气更好的地区有显著较高的边际支付意愿，由此调整的生活质量方法测度对于劳动力市场均衡以及家庭的异质性提供了更多的视角。

除了测度宜居环境质量，加布里埃尔和罗森塔尔（Gabriel and Rosenthal，2004）还测度了美国宜商环境质量（quality of business environment），其基于1977～1995年间37个城市的研究结果表明，地区的宜商环境质量指数和宜居环境指数存在一定的负相关关系，表现为退休者人口多普遍分布在工资水平较低但宜居环境质量高的地区，而宜商环境好的地区中青年劳动力多，退休人口少。

计算宜居环境因素的隐含价格有两种角度：房地产市场角度和劳动力市场角度。斯托弗和利文（Stover and Leven，1992）分别运用房地产市场和工人工资决定因素来计算生活质量水平，并比较两种方法的生活质量水平计算结果差异，研究发现，利用房地产的hedonic模型要优于利用工资水平决定因素的 hedonic 模型，原因在于房子质量相比工人质量更容易被鉴定出来，而决定工人工资的因素较复杂且难以量化，例如，工作环境或者伤亡或者解雇的风险的量化。考虑到工资 hedonic 模型无法区别工人对宜居环境因素偏好的差异，斯托弗和利文（Stover and Leven，1992）通过在地租 hedonic 模型中加入了工资的 premium 控制项、在工资 hedonic 回归模型中加入地租的 premium 控制变量来同时运用劳动力和房地产两种市场数据来计算地区宜居环境因素的隐含价格。

国内应用 hedonic 模型计算宜居环境因素隐含价格的研究并不多，已经开展的研究基本在 2000 年以后。例如，梁智妍（2014）基于 hedonic 模型测度广东省城市生活质量因素的隐含价格，研究发现，对广东省城市生活质量的影响因素中，自然与生态环境对城市生活质量的影响较小，基础设施和社会服务对城市生活质量的影响程度较大，珠三角地区的城市生活质量普遍高于其他地区；郑、符和刘（Zheng，Fu and Liu，2009）运用 1998 年和 2004 年 85 个城市中国家庭调查数据估计家庭对生活质量的需求，其中考虑到的环境特征包括：自然环境特征（夏天温度），社会环境特征（医生的可得性和居民的平均受教育程度）和环境宜居性（二氧化硫排放量，绿地面积和道路密度），研究发现中国城市居民对生活质量有强烈的偏好和支付意愿，相比 1998 年情况，2004 年居民表现出更高的支付意愿；郑、卡恩和刘（Zheng，Kahn and Liu，2010）基于中国 1997～2006 年间 35 个大城市的数据和房地产的数据，分析了住房价格，外商直接投资（FDI）流入和当地空气质量的关系，研究发现，空气污染严重地区的住房价格较低，绿地面积特征的隐含价格在这些地区更高，而城市的气候以及地区人力资本特征并没有显著资本化在房价中，研究结果综合表明中国的城市发展正在从生产型城市（producer cities）向消费型城市（consumer cities）转变；郑思齐，符育明和任荣荣（2011）利用中国 84 个城市的上万个微观家庭样本数据，从住房成本变动和收敛的角度探究居民对城市生活质量的偏好，研究发现，在控制城市间工资水平的差异后，住房成本的均衡水平与城市的正向宜居性特征（如适宜的气候、绿化面积、道路容量、医护服务的可得性，以及平均教育年限等）正相关，而与城市的负向宜居性特征（如二氧化硫排放和交通拥堵）负相关，对于不同劳动力群体而言，高技能工人愿意为居住在有更高人力资本素质、更多绿化面积、道路容量和更少拥堵的城市支付更高的住房成本，随着劳动力市场整合程度的提高，当前住房成本正逐步向其均衡水平收敛。

应用 hedonic 模型计算宜居环境因素的价格一般基于劳动力个体层面的微观数据或者房地产的微观数据。除了微观数据，也有从区域加总的角度探究宜居环境因素与地区平均住宅价格和平均工资的关系。例如，周京奎（2009）利用 1999～2006 年 233 个城市面板数据实证分析城市宜居性与住宅价格、工资水平间的关系，其假设劳动力市场是非完全出清市场，工人工资率和住宅价格不会因城市宜居性的差异而相互进行补偿，其对劳动力需求和供给市场单独的实证结果表明城市宜居特征对住宅价格和工资的影响效应具有明显的区域差异性，其对东部的影响效应要高于西部地区。值得指出的是，周京奎（2009）的研究将劳动力需求市场和劳动力供给市场完全独立开来，但在现实中，两个市场之间是相关的。何鸣，柯善咨和文嫣（2009）从房地产市场角度运用 hedonic 模型测度城市环境特征品质的隐含价格，其基于 2005 年 254 个地级市的截面数据的估计结果表明，工业污染严重地损害了居民的福利水平，公共服务水平对中国居民效用水平的影响并不显著，而城市间交通条件、工业集聚以及生产性服务都对厂商有显著的影响。高波，陈健和邹琳华（2012）运用动态数据模型实证检验区域房价差异，劳动力流动与产业升级的关系，其基于 2000～2009 年中国 35 个大中城市数据的研究结果表明，城市间的相对房价升高，会使得就业人数减少，并促使产业价值链向高端攀升，实现了产业升级，然而，他们的研究假定就业人数是房价变化的结果，没有考虑到房价和就业人数的因果关联性。

赵华平和张所地（2013、2014）以 2005～2010 年中国 35 个大中城市的数据为样本，以城市宜居性特征体系的 27 个指标为解释变量，以商品住宅销售价格为被解释变量，探究了宜居特征对商品住宅价格的影响。研究发现：城市的经济环境质量，生态环境质量，自然区位条件和基础设施状况等宜居性特征是形成城市间商品住宅价格差异的主要因素，尤其文化、交通、通信设施的完善程度和便利程度对商品住宅价格的影响明显，然而他们在构建宜居环境因素指标体系时，将经济因素例如城市的人均 GDP 视为城市的环境质量，该定义与国外文献中有关宜居环境因素核心定义不同。

hedonic 模型广泛应用于地区生活质量的评价说明了宜居环境因素在决定地区生活质量的重要性，很多研究直接引用 hedonic 模型，而对其应用的前提，空间均衡条件的讨论较少，而 hedonic 的研究结论只有在满足一定假设前提下才成立。当空间均衡的假设前提不满足时，计算结果可能有偏。此外，hedonic 模型没有对劳动力进行区分，而在现实中，高技能工人和低技能工人对宜居环境的偏好存在差异，这一差异也可能给计算结果带来偏差。

第一，国内引用 hedonic 模型分析地区工资水平，租金率水平和宜居环境因素的研究并不多，已有的少量相关研究对宜居环境因素的概念把握并不十分准确，普遍混淆了经济因素与非经济因素，或者将人力资本因素也作为一种宜居环境因素，该分类与主流的分类标准并不一致；第二，hedonic 模型运用需要得到微观数据支持，在中国由于劳动力价格和房地产价格政府管制的特殊性，有关工资率和土地租金率的价格并不能反映真实的“市场价格”，导致其进一步的计算存在偏差；第三，基于区域加总层面数据的 hedonic 模型应用没有考虑到个体特征差异对工资的影响，计算结果未能揭示不同技能和不同阶层工人的宜居环境需求差异。

三、宜居环境因素对人口地理的影响

在解释地区人口增长现象时，就业机会学派认为，就业机会等经济因素是地区人口增长的主要原因，换言之，地区人口增长是人们追求就业机会的结果；而宜居环境学派认为，人口主要被地区的宜居环境因素所吸引，地区人口增长是人们追求生活质量的结果。

已有的一些实证研究支持“就业机会学派”的观点，例如格林伍德和亨特（Greenwood and Hunt，1989）基于美国 1958 ~ 1975 年的人口普查数据分析得出，地区的就业机会和工资水平比地区特有的宜居环境因素更能解释就业工人的迁移行为；克拉克和亨特（Clark and Hunter，1992）基于美国 1970 ~ 1980 年的就业微观数据分析得出，就业机会是影响男性劳动者工作选择最重要的因素；宜居环境因素主要对年老人口的生活区位选择有显著影响；汉森和涅多米斯尔（Hansen and Niedomysl，2008）基于瑞典 2004 年人口数据和 2006 年的调查问卷数据探究创意阶层（creative class）的迁移行为及动机，其中创意阶层被定义为受过高等教育的劳动者，研究结果表明，创意阶层工人多为了就业机会迁移，较少追求宜居而迁移；斯科特（Scott，2010）运用美国 1994 ~ 1999 年十三类移民发明家的数据表明，吸引美国移民发明家最重要的因素是地区的就业机会而非地区的宜居环境因素。

另外一些研究支持宜居环境理论，例如厄尔曼（Ullman，1954）认为自然环境特征是美国20世纪60年代以来人口迁移的主导因素，并将这一现象总结为“宜居性迁移”（amenity migration）；柴群和马格里尼（Cheshire and Magrini，2006）研究宜居环境因素对1980~2000年间欧盟12个国家121个片区（FURs，Functional Urban Regions）城市人口增长的影响，研究发现天气状况（如是否多云，温度，湿度等）仅仅在国家层面水平上重要，当国家层面的系统性影响作为控制变量加入以后，天气状况对城市的人口增长并不显著，说明天气的影响在一个国内城市间无差别；人口增长可能仅仅与特定的宜居因素有关，例如，麦格拉纳汉、沃扬和兰伯特（McGranahan，Wojan and Lambert，2010）发现在气候因素，地理位置因素和消费可达性，人口密度等众多因素中，地形和气候条件是最为显著和重要的；格莱泽、科尔科和赛兹（Glaeser，Kolko and Saiz，2001）发现在四类城市便利因素中，好学校的数量和社会安全环境（犯罪率低）对城市人口增长最显著。此外，宜居环境因素的重要性与人们对生活质量的重视程度正相关。例如，随着技术进步，天气带来的不舒适可以通过技术部分解决，但拉帕波特（Rappaport，2007）发现美国人口迁移仍然与天气因素有关，其研究指出，越来越多的人将自然质量因素当成重要的消费品。

从劳动力供给—劳动力需求角度，帕特里奇和瑞克曼（Partridge and Rickman，1999）提出，就业机会理论的主要观点可理解为地区就业增长由劳动力需求主导，宜居环境理论的主要观点可理解为地区就业增长由劳动力供给主导。作为一种生活质量因素，宜居环境不仅对劳动力需求产生影响，还可能对劳动力供给产生影响。例如，hedonic模型假设，宜居环境因素与企业的生产成本相关，同时影响企业的区位决策（Roback，1982）。现实中，宜居性因素可能对劳动力和企业的空间决策均有影响，人才区位选择和企业空间选择之间也互为因果，而已有的实证研究较少考虑到这一点。

从时序变化的角度，宜居环境因素也涉及探究人口增长和就业增长的因果关系当中，当研究认为宜居环境因素主导就业增长时，形成观点1：人口增长主导就业增长，即“企业随人走”（people first）。当研究认为就业机会主导人口增长时，形成观点2：就业增长主导人口增长，即“人随企业走”（job first）。其中，观点1“企业随人走”被认为是劳动力供给主导的就业增长，观点2“人随企业走”被认为是劳动力需求主导的就业增长。观点1和观点 2 的讨论也被形容为“先有鸡还是先有蛋”问题的讨论（Partridge and Rickman，2003）。

一些经验研究支持观点 1“企业随人走”，例如，穆斯（Muth，1971）运用 1950～1960 年的城市就业数据发现，美国就业对人口迁移比人口迁移对就业敏感，即劳动供给导致了就业和地区人口构成变化，也就是人的区位选择主导着企业的区位选择；穆瑟和格雷夫斯（Mueser and Graves，1995）研究美国 1950～1980 年县级层面的人口迁移究竟是就业机会主导迁移的发展结果，还是宜居环境主导迁移的发展结果，实证结果表明劳动力供给的变化与当地的宜居环境（气候因素，湖泊覆盖率）高度相关，表明人主导区位选择，即宜居环境因素主导人口迁移。另外一些经验研究则支持观点 2“人随企业走”，例如，格林伍德和亨特（Greenwood and Hunt，1989）运用 1958～1975 年就业数据实证研究表明，地区人口增长与就业增长显著正相关，但就业增长受到宜居环境（例如，气候因素）的影响小，该研究间接支持就业增长带动人口增长的观点；斯科特（Scott，2010）基于 1994～1990 年美国 13 类移民工程师的数据研究发现在大多数的情况下，是先有就业（企业），然后再有人口迁入的。

也有一些研究指出该问题应当根据研究对象和研究时间进行分类讨论，例如，关于地区就业增长是劳动力供给主导还是劳动力需求主导，帕特里奇和瑞克曼（Partridge and Rickman，1999）对比分析了 1983～1989 年和 1990～1996 年的美国人口增长和就业增长数据，研究发现在不同的时期和不同的地区研究结论不同，表明在不同的阶段就业增长可能呈现具有差异的特点，研究应结合具体地区背景来进行。

国内的一些研究中，段楠（2012）分析认为，城市便利性，弱连接性与我国“逃回北上广”现象有着因果关系，城市便利设施对外地青年劳动者有着极大的吸引力，中国的发达城市和落后城市宜居环境差别大，同时连接较弱。进一步，观察到中国市场化改革使得中国大量农村人口涌向城市的现象，陈和帕特里奇（Chen and Partridge，2013）将集聚经济，劳动力市场的摩擦，劳动力市场匹配和沿海地区的宜居特征作为解释变量引入，研究结果支持中国人口流动受到宜居条件（采用人均床位数衡量）的显著影响。

从文献回顾中可知，作为地区吸引人的因素，宜居环境因素在决定人口生活区位选择中发挥了重要作用，其相对重要性随着研究区域和研究时期的不同而变化。总体而言，宜居环境因素的重要性与人们的收入水平和对生活质量的重视程度正相关。值得提出的是，在有关于宜居环境因素对人口地理和就业地理影响的讨论中，绝大部分研究仅仅考虑了宜居环境因素对劳动力供给的影响，而忽略了宜居环境因素对劳动力需求的影响，本书在讨论宜居环境因素的重要性时，将同时讨论其对劳动力需求的影响，例如，其对人口工作努力程度的影响等。

第二节　区域创新动力机制研究

创新能力和绩效的差异不仅表现在国与国之间，而且体现在同一国家内不同地区之间（Evangelista，Iammarino and Mastrostefano et al.，2001；Liu and White，2001；Acs，Anselin and Varga，2002；Fritsch，2002）。为了找出区域创新绩效间的差异根源，大量研究从探索区域创新的动力机制入手（Acs，2004；Audretsch and Feldman，2004；Lee and Rodriguez - Pose，2013）。创新作为一种产出，是创新投入和创新环境共同作用的结果，创新系统的各个环节前后关联，互相配合，其决定了整个创新系统将投入转化为产出的效率。由此，不仅创新投入重要，创新环境也关键。总体上，已有研究提出的影响区域创新的因素主要有三类，分别为（1）研发投入（R&D 投入）；（2）人力资本投入；（3）结构类因素。其中结构类因素构成了创新发展的环境，包括城市化水平、对外开放度、高校及科研机构、集聚经济、社会网络与文化、经济多样化、政策和制度因素和空间相关性因素等。下面将对以上影响区域创新的因素进行简要综述。

一、研发投入

创新产出往往是目的性的研发结果，研发投入是实现创新的必要投入。（Bilbao - Osorio and Rodríguez - Pose，2004）运用一个两阶段的分析模型得出：公共部门，私有部门以及高等教育机构的 R&D 投资与当地的创新产出均高度相关，表明无论是整体的 R&D 投入还是高等教育方面的 R&D 投资，都对区域创新产出有较大贡献。毕尔巴鄂 - 奥索里奥和罗德里格斯式（Rodriguez-pose，2001）探究欧洲的落后地区进行 R&D 活动是否会取得预期效益，研究结果表明，在欧洲边缘地区进行 R&D 的边际收益要大于在核心地区进行 R&D 的边际收益，西欧落后地区的 R&D 支出占 GDP 的比重不仅增大，而且经济增长速度也更快，这一特点说明 R&D 投资可能是西欧落后地区唯一的缩小与核心地区技术差距的方法。进一步，卡布雷尔 – 博拉斯和奎拉诺 – 多明戈（Cabrer – Borras and Serrano – Domingo，2007）探究 R&D 的空间外溢效应，并分别对比了公共部门和私人部门 R&D 投资的空间外溢性，发现公共部门的投资空间外溢性更为明显；布鲁什（Bruche，2009）、库奇基和筑地（Kuchiki and Tsuji，2010）认为，中国的创新是靠 R&D 拉动以及与国外的合作拉动的。

二、人力资本投入

人力资本是创新产出最重要的投入要素，人力资本的质量构成了一个地区的知识吸收能力（Yang and Lin，2012），人力资本的差异性决定了地区吸收和形成新知识数量的差异。空间上来看，当高技能工人流动时，他们的知识和技术也随之流动，知识一般随着掌握知识的人流动，如果拥有这门知识的人离开了他们最初学习和应用这门知识的地方，知识将会分散在不同的空间范围内（Breschi，Lenzi and Lissoni et al，2010）。安德森、奎格利和威尔海姆森（Andersson，Quigley and Wilhelmsson，2005）运用 1994 ~ 2001 年瑞典的商业专利数据，探究城市化水平，产业结构，企业规模以及人力资本在瑞典创造力的空间分布中的影响，研究表明人力资本和研发设备与区域专利产出显著正相关；基于 1997 ~ 2007 年中国省级层面数据，运用人力资本数量代表地区吸收能力，杨和林（Yang and Lin，2012）研究发现，学习外部知识对创新有显著影响，吸收能力对促进由贸易开放带来的创新有重要作用；蒋天颖（2013）运用我国 2001 ~ 2011 年各省市数据，建立多元线性回归模型探讨了我国区域创新水平的影响因素，研究结果表明，人力资本是当前推动我国区域创新的最重要因素。斯勒瓦根和博亚尔迪（Sleuwaegen and Boiardi，2014）运用 2007 年、2009 年和 2011 年的欧洲 83 个发达地区的数据，探究具有创意工人在欧洲地区创新系统中发挥的作用，结果表明地区人力资本，技术基础设施，国家和区域制度发达水平，对地区专利活动具有很强的直接或者间接的促进效应。

三、结构类因素

除了投入因素以外，其他城市结构类因素对区域创新发展也至关重要，其中文献中提及较多的城市结构类因素包括地区的城市化水平、集聚经济水平，对外开放度、高校及科研机构等，下面将针对讨论较多的结构类因素进行简要综述。

（1）城市化水平。洪进和胡子玉（2015）指出，城市之所以成为创新活动的重要载体，是由于城市聚集了大量的人力资本以及知识信息，促进了知识溢出，进而为创新活动的产生提供了有利条件，此外城市也提供了地区创新发展所需的物质资本条件，且城市具有经济与活动多样性的优势，由此地区的城市化程度与创新水平息息相关。例如，基于 2008 ~ 2012 年中国 46 个创新型城市的面板数据，洪进和胡子玉（2015）实证研究发现城市化水平对创新产出具有显著的正向影响，城市就业密度与创新产出的相关性存在明显的区域差异，该研究说明区域创新产出的提高有赖于城市化水平与质量的同步提升。

（2）集聚经济程度。集聚经济为创新发展创造了有利条件。第一，集聚经济为创新发展集中了大量的人力资本，促进信息交流和传播，促进知识外溢和创新的实现。创新产业本身具有强渗透性和关联性，集聚经济有利于促进创新产业内部价值的实现，带动整个创新产业生产效率的提高（Cooke and De Propris，2011；Chaston and Sadler - Smith，2012）。随着集聚对创意产业内部知识的不断溢出，这种溢出效应将跨越产业的边界，或者通过创意阶层的流动，或者通过显性的和隐形的知识传播与扩散，进而渗透到其他相关产业甚至整个区域，推动区域的创新和发展（Baines and Robson，2001；Florida，2002；Asheim and Gertler，2005；Andersson，Quigley and Wilhelmsson，2005；De - Miguel - Molina，Hervas - Oliver and Boix et al. ，2012）。第二，创意产业集聚有利于提高区域的生产效率，并带动经济和就业增长（Fingleton，Igliori and Moore，2005；Jaw，Chen and Chen，2012；Clare，2013）。

运用 2005 年的欧洲社区创新调查数据，马特 - 桑切斯 - 瓦尔和哈里斯（Mate - Sanchez - Val and Harris，2014）研究发现集聚经济可以解释西班牙和英国技术创新的不同；运用中国2008年省级层面的数据，余文涛（2014）研究发现得出创新产业集聚具有明显的正外部经济效益；基于2005～2007年中国285个地级及以上城市的面板数据和运用空间计量模型，程中华和刘军（2015）研究发现，从制造业整体来看，专业化（MAR外部性）对制造业创新绩效影响不显著，多样化（Jacobs外部性）和产业内竞争（Porter外部性）有利于制造业创新绩效的提升，从分技术层面来看，低技术行业创新更多受益于MAR外部性，中高技术行业创新更多受益于Jacobs外部性。

（3）对外开放度。一个区域创新系统只有不停地吸收来自外界的信息，才能在现有阶段上进行突破。一定的对外开放性既是发展创新的必要条件，同时也为发展创新注入了源源不断的活力。达尔曼（Dahlman，2010）通过对比巴西，印度和中国的创新发展的历史进程及现状，得出中国对外贸易，FDI以及国外技术引进是推动创新产出的重要力量；杨和林（Yang and Lin，2012）运用1997～2007年中国省级层面数据，探究开放对一个地区创新的影响，结果表明中国的专利－研发弹性低于OECD国家，技术引进仅仅对沿海地区有显著影响，创新受到以FDI和高新技术产业的出口衡量的贸易的开放度显著为正的影响，但是这一影响的大小在沿海地区和非沿海地区存在较大差异。此外，管理者具有开放性的战略思想也容易在竞争中取胜，菲贾尔、杰尔斯维克和罗德里格斯式（Fitjar，Gjelsvik and Rodríguez－Pose，2013）运用挪威最大的五个城市的1600多个企业的调查数据，探究管理能力在企业创新中发挥的作用，分析得出驱动挪威企业层面的创新主要为具有开放性思想的管理者（the presence of open-minded managers）以及和国际伙伴的联盟，且两种因素互相加强。

（4）高校及科研机构。高校及科研机构对创新有重要影响。高校不仅为企业输送了高质量的人力资本（Fallah，Partridge and Rickman，2014），还能吸纳一批高学历、高创意的人才集聚该区域，成为区域塑造、吸引、保留创新人才的重要载体，从而对于创新人才及创新产出的区域空间分布产生重要影响（洪进，余文涛和杨凤丽，2011）。加尔布雷思（Galbraith，1985）发现由于大学在不断产生新知识，大学的周围往往集聚着较多的高科技公司；陈和肯尼（Chen and Kenney，2007）研究了大学和公共研究机构在中国经济中扮演的角色，研究发现北京的科技集聚显著得益于丰富的大学和公共研究机构；商、普恩和岳（Shang，Poon and Yue，2012）同样研究发现当地的大学能显著促进发明和实用新型专利产出的提高。

（5）社会网络与文化。社会网络尤其是基于非正式关系的社会网络能够促进区域创新系统内部不同行为主体之间的知识共享与信息交流，进而影响R&D转化为创新的效率，以及创新驱动经济增长的效率（Bilbao – Osorio and Rodríguez – Pose，2004）。社会网络影响的不仅是个人效用，还影响了个体从社会网络中（例如家人和朋友）掌握该地区就业机会的信息，此外，社会网络还可以进一步促进产业集聚，产出更多创新。基于2006年丹麦人口的调查数据，达尔和索伦森（Dahl and Sorenson，2010）研究社会网络对知识工人空间区位选择的影响，实证发现个体区位选择受到社会网络显著影响，表现为当前居住地的高中同学、大学同学等的数量，离父母居住的距离，地方工资等对科学家和工程师的迁移有显著影响；基于1996 ~ 1999年、2002 ~ 2005年欧洲17个国家220个地区发明家的数据，米盖莱斯和莫雷诺（Miguélez and Moreno，2014）探究发明家空间迁移行为的决定因素，研究发现地理临近（physical proximity）（地理移动成本），工作机会，社会网络是决定其区位选择的重要而显著的因素；基于2000 ~ 2012年中国生物科技的应用专利数据，李、魏和王（Li，Wei and Wang，2015）分析城市创新系统的空间和时间演变规律，研究发现社会相近因素以及组织相近因素（social proximity and organizational proximity）与创新专利高度正相关，而认知接近和地理接近因素（cognitive proximity and geographical proximity）与创新专利产出高度负相关。

（6）经济多样化。与集聚程度有利于创新相同，当地经济活动的多样性也能促进创新产生（Cabrer – Borras and Serrano – Domingo，2007）。例如，基于1994 ~ 2001年瑞典的商业专利数据，安德森、奎格利和威尔海姆森（Andersson，Quigley and Wilhelmsson，2005）分析了瑞典创造力的空间分布规律，研究结果表明有着更为多样性的员工以及有着全国范围内的员工的产业更容易创新。运用美国1975 ~2000年城市层面的数据研究区域创新的动力机制时，阿格拉瓦尔、科伯恩和加拉索（Agrawal，Cockburn and Galasso et al.，2014）发现多样性（diversity）和创新之间有正相关关系，多样性影响创新主要是因为知识互补（spin-out formation），大企业和小企业同时存在有利于创新的实现，与此同时，企业拥有大的研发实验室更容易产生“想法错配”（misfit ideas），降低创新效率，说明企业多样化的分工也有可能不利于区域创新。

（7）制度与政策。制度创新构成了创新的重要内容，创新政策则可以从多方面，多角度来激发企业和个人的创新意识，具有直接的激励效应，并为创新发展营造良好的环境。例如，我国政府在2008年制定了《关于支持中小企业技术创新的若干政策》，激励企业开展自主创新，这一举措让中小企业分布较多的东部地区区域创新能力得到增强，进一步拉开了我国区域创新差异（蒋天颖，2013）。福尔曼、波特和斯特恩（Furman，Porter and Stern，2002）指出，研发资源的投入并不是决定创新产出绩效的唯一因素，制度、环境以及政策的改变也是导致创新绩效差异的重要方面；深圳市出台了吸引创新人才政策和建立了多个科技研发中心，陈和肯尼（Chen and Kenney，2007）对深圳技术创新情况进行分析发现，深圳已经成为中国第三大科技集聚中心，其中促进这一现状的最主要原因在于深圳的创新政策。然而，萨克森阶（Saxenian，1996）通过对硅谷和接近波士顿地区的128公路的描述，强调创新集聚受到组织和文化方面的影响较大，受公共政策的影响较小。卡布雷尔－博拉斯和奎拉诺－多明戈（Cabrer－Borras and Serrano－Domingo，2007）则补充到，只有地区的经济发展达到了一定的水平，地区的创新政策才能发挥作用。

（8）空间关联性因素。由于创新产出更多是一种无形的知识和技术，创新知识也极容易传播，创新的空间相关性表现为学习和模仿效应，即本地区创新的增长将带动周围地区的创新增长。技术外溢是实现报酬递增、生产率提升和经济增长的重要源泉，地区之间相互沟通的知识外溢对发展创新十分重要（Romer，1994）。例如，克雷森齐、罗德里格斯式和斯托珀（Crescenzi，Rodríguez－Pose and Storper，2012）对比了中国和印度的创新的地理，发现印度创新在地理上呈现出显著的知识外溢效应（spillover effects），而中国创新在地理上呈现出知识回波效应（backwash effects）占主导，知识外溢效应较小。此外，外溢的知识成为整个企业群体的公共知识，其产权也演变为共有性，进而不可避免地存在“搭便车”行为知识传播也涉及知识产权保护的问题，不恰当的知识外溢也是阻碍企业进行创新的力量（Cabrer－Borras and Serrano－Domingo，2007）。在各区域经济增长的过程中，创新激励和创新外溢之间并不完全是我们所认识到的一种悖论，可能在某种程度上创新外溢进一步激励了私人企业的创新活动，从而在更高的层次上获得更快的经济增长（余泳泽和刘大勇，2013）。米盖莱斯、莫雷诺和苏里纳赫（Miguélez，

Moreno and Suriñach，2010）运用欧盟、美国、日本的发明家数据库探究发明家的空间移动及其空间分布规律，统计结果表明，靠近发明领先的区域，将为提高经济效率、创新性活动以及发明家的流入发挥重要作用，地理区位对于吸收人才（talents）有着不可忽略的重要而显著的作用；李婧，谭清美和白俊红（2010）运用空间计量分析技术考察1998～2007年中国大陆30个省级区域创新的空间相关与集聚。研究表明，中国区域创新存在显著的正向空间相关性，且在东部及沿海地区形成了创新活动的密集带；商、普恩和岳（Shang，Poon and Yue，2012）运用2001～2008年的中国省级数据，探究知识外溢对中国创新的影响，研究结果表明知识外溢对外观设计，发明和实用新型均产生正的影响，且地理上接近创新发达的地区有提高该地区的创新能力；黄忠武（2014）以2001～2012年我国31个省域技术创新产出的空间分布进行探究，研究发现我国技术创新具有明显的空间相关性，存在创新的空间溢出效应，本地知识存量和其他地区资本存量的积累对创新产出的促进作用显著，创新产出和技术成交额（创新扩散）对经济增长的影响显著为正，创新要素的空间分布对经济增长具有正向溢出作用。

总体上，创新是多种因素共同作用的结果。除了研发投入和人力资本投入，区域创新环境直接关系着技术创新扩散行为，影响技术创新效率。在一定的科技投入和既定的制度体系下，多种因素构成的创新环境是决定地区创新能力的关键。

第三节　宜居环境因素与创新的关系

人口“宜居性迁移”的现象，反映了人类需求层次提高以及人口对宜居环境更加重视（Rappport，2009）的发展趋势。因个体家庭背景、年龄、职业，收入水平等的不同，现实中不同群体的人对宜居因素的偏好存在差异。例如，亚当森、克拉克和帕特里奇（Adamson，Clark and Partridge，2004）基于美国1990年的综合公共微观数据（IPUMS）数据研究发现，年轻的大学毕业生倾向在生活更便利的城市集中，年老的退休劳动力倾向在自然宜居的城市集中，而高科技从业人员则向自然质量和城市便利条件都较好的城市集中。同样，弗格森、阿里和奥尔弗特等（Ferguson，Ali and Olfert et al.，2007）、斯科特（Scott，2010）的研究发现年轻人和接近退休的人在区位选择时受到宜居环境因素的影响较大。

宜居环境理论主要关注人的需求，尤其是受过良好教育的从业者需求。当宜居环境因素品质作为正常商品或奢侈品时，对它们的需求会随着收入水平的提高而增加（何鸣，柯善咨和文嫣，2009）。基于宜居因素的高需求收入弹性特征，较多的研究将宜居因素的重要性聚焦在高技能工人的特定群体上，而创新作为创造的新知识，与地区高技能工人的数量，质量以及劳动效率存在正相关的关系。宜居环境因素与高技能工人以及高新技术企业紧密的相关关系，在一定程度上间接解释了宜居环境因素与创新的相关性关系，以下将围绕着宜居环境与高技能工人，高技术企业的相关性展开。

一、宜居环境因素与高技能工人

"高技能工人"在本书中提及较多。由于劳动者体力智力的天赋差别，那些接受过较好教育、培训、学习的机会的人具有较高人力资本和社会资本（温婷，蔡建明和杨振山等，2014）。国内外相关研究一般将具有大专及以上学历的劳动者称之为高技能工人（Shapiro，2006；Storper and Scott，2009；Brown and Scott，2012；余运江，2015）。事实上，文献中人力资本（human capital）的衡量方法一般有三类：按照受教育程度分类—人力资本；按照职业和职位分类—创意阶层（creative class）；按照冒险精神来分类—企业家精神（entrepreneurship）（采用自我雇佣率，中小企业比重和新企业的比重等衡量，Cunningham and Lischeron，1991；Malecki，1993）。法吉安、帕特里奇和马莱茨基（Faggian，Partridge and Malecki，2017）探究不同定义下的人力资本对美国区域经济增长的影响，研究发现采用受教育程度衡量的人力资本对经济发展的重要性最高。故与文献保持一致，本书同样采用受教育程度的方法来定义人力资本，具体地，本书将拥有本科及本科以上学历的劳动力群体（25～64岁）定义为"高技能工人"。一个地区高技能工人的总量则构成一个地区的"人力资本池"。

文献中，高技能工人的衡量依据有三：第一，按照受教育程度分类法，指代受教育程度高的劳动者；第二，按照职业分类法，指代从事脑力劳动尤其创造新知识新思想职位的劳动者，很多研究中称之为"创意阶层"；第三，按照企业家呈现出来的创造力和创造性（creativity）分类，称之为“企业家精神”。伴随着受教育水平的上升，中国城市人口对宜居环境条件的支付意愿也在不断提高，具体表现为对生活质量的追求。按照受教育程度的人才分类法，胡兆量和王恩涌（1998）将1987年各地区的教授和院士，中国共产党中央委员和明清状元的数量作为人才数量的计算方法，研究中国人才地理规律，研究发现人才地理的形成与地区气候，地貌和海岸线等自然环境以及悠久的历史文化背景等有关，呈现中国人才地理分布东多西少，南多北少，江浙一带密集的特点；基于中国35个城市数据的研究表明，温婷，林静和蔡建明等（2016）将各城市中户籍在外省的大学学历以上受教育人口数来衡量人才迁入，研究发现人才迁入与城市宜居程度之间的相关性高于城市宜居程度与净迁移人口的相关性，表明城市宜居程度对人才具有特别的吸引力；将上过大学的居民定义为高素质人群和中上等阶层，魏元骏（2013）采用座谈会方式了解高素质人群的需求，研究结果表明生活质量已经成为中国中上等阶层最关心的问题。

按照职业类别来界定高技能工人，多夫曼、帕特里奇和加洛韦（Dorfman，Partridge and Galloway，2011）基于2000年和2006年的美国县级层面的高科技工人就业增长率数据分析自然环境质量对地区高技能工人就业增长（high-tech jobs）的影响，研究发现仅仅小城市的高技能工人就业增长率受到自然环境质量（natural amenities）的影响，大城市的就业增长并不受此影响；基于1990~2006年133个欧洲地区的净迁移率数据，罗德里格斯式和凯特勒（Rodríguez－Pose and Ketterer，2012）分析宜居因素对欧洲移民发明者（inventor）的影响，研究结果表明在控制了经济、人力资本、人口、社会网络等因素后，欧洲移民的区位决策受到宜居因素显著影响。沿着罗德里格斯式和凯特勒（Rodríguez－Pose and Ketterer，2012）的思路，米盖莱斯和莫雷诺（Miguélez and Moreno，2014）将研究样本扩大到包含美国和欧洲发达国家，研究结果同样表明发明家的空间移动与地区宜居环境因素显著正相关，当加入社会联系和社会网络等控制变量后，这一结果仍然稳健。国内的研究中，段楠（2012）将从事信息传输、计算机服务和软件业，科学研究、技术服务和地质勘查业，教育，文化、体育和娱乐业等职业的劳动者代表创意阶层，以酒吧咖啡厅及健身场所等衡量地区的便利设施，研究发现中国部分城市便利性设施与创意阶层人数呈高度正相关的关系。采用企业家精神来衡量高技能工人时，麦格拉纳汉、沃扬和兰伯特（McGranahan，Wojan and Lambert，2010）分析户外宜居环境，创新阶层以及企业家精神（用新建的工厂数，自我雇佣率）对美国乡村地区经济增长的影响，实证结果表明企业家精神（地区创新劳动者的比重与地区新工厂）与就业增长显著相关，工人对户外宜居条件的偏好引起宜居环境的地区商业盛行，商业盛行又会进一步吸引更多的创意劳动者，实现经济增长。在众多的宜居因素中，地形和气候条件对就业增长最为重要。

以上是基于区域加总数据的研究，基于个体微观数据的研究也解释了宜居因素对高技能工人的重要性。例如，基于1994～1999年美国移民工程师的数据，斯科特（Scott，2010）分析得出，正在工作的工程师受地区就业机会因素的影响较大，而已经退休的工程师受地区宜居环境因素影响较大，尤以地区冬天的气候影响突出；基于2001年的加拿大人口普查数据和多重logit模型，布朗和斯科特（Brown and Scott，2012）分析宜居环境因素和密集市场（thick market）对高技能工人（拥有大学学历的人口）区位选择的影响，研究发现，加拿大的高技能工人受宜居条件的影响要小于美国高技能工人受其影响。进一步，通过对拥有大学学历和没有大学学历的同龄人对比，布朗和斯科特（Brown and Scott，2012）发现宜居环境因素对劳动力流动决策具有显著影响，但对具有较高工资收入的高技能工人而言，良好的工作机会和集聚经济的影响大于生活质量因素的作用。

由此可知，已有文献强调了地区宜居环境因素尤其对高技能工人具有吸引力，由此许多研究中单独将高技能工人和低技能工人分开进行研究。

二、宜居环境因素与高技术企业

宜居环境因素对企业空间决策既有直接的影响也有间接的影响。直接的影响体现在宜居特征关乎企业的生产成本，例如，极端天气发生的频率减少可能会降低企业的成本，而为了保持空气质量要求安装环保设施可能增加企业的生产成本（Roback，1982），间接地影响以宜居论学派的论点为代表，体现在宜居因素对劳动力需求的影响上，具体表现在为了吸引和留住高技能工人，高技术企业在选址决策时，不得不考虑工人对宜居性条件的要求。例如，马莱茨基（Malecki，1981）发现知识密集型企业区位选择主要受到企业所雇佣的专家和技术工人的意愿影响，而员工们则普遍偏好宜居性条件好的地区，例如，气候条件好，社区商业文化友好等。进一步，弗尔森斯坦（Felsenstein，1996）在马莱茨基（Malecki，1981）研究基础上，总结得出高技术企业区位选择受到宜居条件的显著影响；隆德（Lund，1986）研究同样发现，宜居因素在决定高科技公司的选址的六大因素中位居第一，说明高新技术企业的选址行为是人力资本导向的；斯滕伯格和阿恩特（Sternberg and Arndt，2001）研究发现宜居性因素例如气候因素是影响企业区位选择的“软条件”。基于高增长企业数据以及负二项回归模型的回归结果，李、戈茨和帕特里奇等（Li，Goetz and Partridge et al.，2015）发现美国增长最快的公司集中在受教育水平高的大市场地区和自然环境质量高的地区；然而，基于2000年和2006年企业数据，多夫曼、帕特里奇和加洛韦（Dorfman，Partridge and Galloway，2011）发现地区高技术产业的劳动力份额与地区的自然宜居环境无关。

高技能工人和企业的集聚构成了高科技产业的集聚。宜居因素对本地经济发展的作用，也明显地体现在促进高新技术产业发展上（王宁，2014）。佛罗里达（Florida，2005）提出，与传统制造业“聚集经济是城市产业聚集的主要原因”形成对比，一些新兴产业，如城市文化产业、创新产业等，形成产业集群的原因是宜居环境因素吸引创新阶层的集聚。法吉安和麦肯（Faggian and McCann，2009）探究英国人力资本，大学毕业生的迁移与地区创新之间的关系时，发现那些对知识人才有吸引力的地区往往经济表现和创新表现更好；麦格拉纳汉、沃扬和兰伯特（McGranahan，Wojan and Lambert，2010）指出，城市的创意休闲和娱乐设施是吸引创新人才的最重要因素，宜居环境构成了地区的创新环境；多夫曼、帕特里奇和加洛韦（Dorfman，Partridge and Galloway，2011）的研究提到，自然宜居环境因素对创新发展有显著影响。由此可知，作为高技能工人的知识成果，创新产出与宜居环境因素也有某种程度的联系，而已有的探究区域创新动力机制的研究中将宜居环境因素纳入考虑得较少。

第四节　理论述评

国外学者围绕着宜居环境与人口增长与迁移、就业增长、工人及企业区位决策、工资和住房价格的关系等进行了大量理论和实证研究，宜居环境因素驱动城市发展已成共识。相比国外的研究，国内对宜居环境因素重要性的分析相对较少，且有关宜居环境的话题多以促进城市建设和人居环境为主旨，较少讨论其对生产率的影响。随着社会发展，创新在驱动经济增长中发挥了重要作用，讨论区域创新的动力机制有助于认识中国各地区创新发展优劣势，更有针对性地提出创新发展战略。创新作为一种新知识产出，实现主要依靠知识工人来创造，已有的研究表明，宜居环境因素尤其与高技能工人对生活质量的需求相关，一个地区的宜居环境程度影响到高技能工人，高技术企业的区位选择，将进一步影响创新。此外，探究宜居环境因素的 Rosen - Roback 模型也指出，宜居环境因素对企业生产率可能产生影响，由此说明地区的宜居环境因素可能对创新过程产生直接影响。考虑到目前将宜居因素纳入到创新动机机制进行的探讨较少，本书将弥补这一研究空白，在分析创新动力机制时重点探讨宜居环境因素的影响。

除了研究主题，本书提出潜在的研究空间还有以下几个方面：第一，城市和区域经济学的宜居环境因素的概念具有非经济特征，当地化和高收入需求弹性等特征，国内文献在进行宜居环境因素相关的研究时，对宜居环境因素概念的把握并不十分准确，例如，许多研究将经济因素，空间可流动因素也纳入了宜居环境因素的范围。此外，宜居特征在 hedonic 模型中以单一禀赋形式呈现，而在现实中地区的宜居特征环境体现在多个方面，有必要将宜居环境因素指标由单因素扩展到多因素，多因素分析还可以对比不同环境特征间的相对重要性，而这点理论研究无法实现。

第二，在实证研究中，由于城市便利因素具有潜在的内生性问题，许多研究在构建宜居环境指标时未涉及城市便利因素，而忽视该部分的研究将无法揭示总体宜居性水平对创新地理的影响。本书将同时考虑自然环境因素和城市便利因素，研究既包括单一的宜居指标，也设计了综合宜居水平指数，从多角度多层次探究宜居条件对创新发展的重要性。值得提及的是，在指标选择上，本书将充分参考已有文献并结合中国现实特点，以尽可能地避免指标选择的主观性，针对可能的城市便利因素的内生性问题，本书将采用系列处理内生性问题的变化来进行实证设计。此外，本书通过构建理论模型就宜居环境因素对区域创新的影响进行了刻画，提出了相关的研究假说，为后文的实证分析奠定理论基础。

第三，随着空间经济学学科的成熟，越来越多的研究结合城市经济学和空间经济学的方法探究创新空间分布的空间外溢性，但普遍缺乏对创新产出空间外溢效应的原因探究。已有的研究单独探究了 R&D 投入，人力资本投入过程中可能产生的知识外溢，但很少有研究将这些空间外溢的空间渠道放在同一个系统下进行研究。本书研究将引入空间计量经济学模型，系统地探究及分析创新的空间外溢性的存在及可能的溢出途径。

最后，国内有关区域创新产出的空间分布及其影响因素的研究多使用省级层面的数据。作为世界人口大国，中国地大物博，地理特征复杂，不同地理单元之间往往存在着千丝万缕的联系，将省份作为地理单元分析区域问题往往会掩盖省份内部不同区域的差异，造成研究结论的片面化。本书将采用更小的地理单元，运用地级市层面加总数据来探究区域创新分布的空间分布规律。此外，已有的探究宜居环境因素的研究多基于2005年以前的数据，且最多的研究样本覆盖85个城市，本书将研究样本扩大到包括2003～2014年的283个地级市，预期研究结论更具有普遍性。在数据方面，本书还考虑了宜居环境指标随着时间变化的可能。

需要补充说明的是，hedonic 模型揭示了宜居环境因素在工人区位决策和企业区位决策中的作用，然而本书会讨论 hedonic 模型结论但不会在实证中应用该模型，原因为：第一，hedonic 模型致力于揭示宜居环境因素的隐含价格，未能揭示宜居环境因素对区域创新产出的影响及对应的影响机理，无法直接引用借鉴；第二，hedonic 模型建立在空间均衡的假定上，达到空间均衡意味着个体从不同地区获得效应均等，个体没有动力进行空间迁移，表现出来的经济现象为区域间的流动人口的比重低。然而我国的统计数据表明，进入21世纪以后，我国地区间存在大规模的人口流动，如2017年的流动人口高达2.45亿，占据总人口（13.9亿）的17.63%。由于中国特殊的户籍制度，劳动力在空间移动时存在额外的流动限制和成本，考虑不同地级市的户籍制度条例不同，将移动成本纳入考虑的计算难度较大。再次，由于地区总体文化，习俗，思想观念的差异和信息的不完全流动，不同地区的空间效用难以完全均等化，何鸣，柯善咨和文嫣（2009）同样指出，与更成熟的市场经济国家相比，我国的城市消费者和厂商可能还远未达到区位均衡。第三，数据可得性的限制。基于 hedonic 模型计算具体环境特征的隐含价格时需要以详细的个体或家庭层面的数据或者房地产市场以每一个具体房产的数据为依据，其中个体数据需提供个体特征和工资信息，房地产数据需提供每一套房子的物理特征，区位信息等，故获得符合研究要求的数据难度较大，即使假定中国实现了空间均衡，验证 hedonic 模型结论也缺乏数据支持，这一工作有待未来数据可得后进一步展开。

第四章　宜居环境因素对区域创新影响的理论分析

创新是人类创造的新知识，是创造力的成果体现。和其他产业不同，获得创新产出更依赖于新知识（Audretsch and Feldman，1996），人作为知识的重要载体，在决定区域创新产出中扮演重要角色。本章通过理论模型设定和推导，分析了宜居环境因素对区域创新产出产生影响的机制和条件。从创新产出的主要生产者—高技能工人—的效用最大化的目标函数出发，本章第一小节分析了最优化路径下的区域创新产出与地区自然宜居环境因素及城市便利环境特征的相关关系，进而得出研究推论 1 和研究推论 2，形成第五章实证分析的理论基础；第二小节则基于城市异质性、专利异质性和空气质量因素的特殊性的考虑在理论模型上引入更多研究假定，进而得出研究推论 3 和研究推论 4，形成第六章实证分析的理论基础；第三小节通过放松模型假定，提出两类宜居环境因素对区域创新影响的可能渠道，并形成理论分析对应的研究假说，形成第七章实证分析的理论基础；最后，第四小节对整章内容进行了总结归纳。

第一节　理论基础

为了分析城市的自然宜居环境因素与城市便利环境特征对区域创新的影响，构建理论模型如下：

假定城市 i 的自然宜居特征（a_1）和城市便利特征（a_2）给定，产出创新的高技能工人同质，且总数量为 N。单个工人通过选择消费品的数量（c），闲暇（L）以及工作努力程度（e）来实现个人效用最大化，其对应的目标函数和约束条件分别为：

$$Max_{c,L,e}u = U(c, L + a_1) - f(e, a_2) \tag{4.1}$$

$$s.t.\quad pc + w(e)L = w(e) \times 24 \tag{4.2}$$

其中，u 为工人的总效用，$U(c, L+a_1)$ 为从消费（c）、闲暇（L）和地区自然宜居环境（a_1）中获得的效用。对应地，p 为消费品的价格，L 为每日的闲暇时间，$w(e)L$ 为闲暇的机会成本，$(24-L)$ 为工人每日的工作时间；$f(e, a_2)$ 是工人工作时产生的劳动损耗，其为工人工作努力程度（e）的增函数以及城市便利环境（a_2）的减函数，即$\frac{\partial f}{\partial e}>0$；$\frac{\partial f}{\partial a_2}<0$，说明工人劳动损耗随着工人努力程度的增加而递增，随着城市便利供给的提高而递减。与此同时，工人工作越努力，其获得的工资率越高，表明工人每小时工资率［$w(e)$］是工人努力程度（e）的增函数，即$\frac{\partial w}{\partial e}>0$。在现实中，工人小时工资率也可理解为工人的劳动效率，与工人工作的努力程度正相关。工人每日劳动的全部收入［$w(c)(24-L)$］假定全部用于当期消费（pc）。

将单位工人创造的创新产出设定为 $k(e, g)$，该产出是工人工作努力程度（e）的增函数并与城市结构变量（g）如人力资本，经济发达程度，集聚经济程度等因素相关。现实中，工人能否产出创新在一定程度上取决于工人工作的努力程度，工人工作越努力时，产生创新的成功率越高，故$\frac{\partial k}{\partial e}>0$。在区域产出创新的工人总数量（N）给定时，区域加总的创新产出可表示为 $Nk(e, g)$。

进一步，假定消费品的价格（p）由世界市场给定并设定为 1，则对应地，式（4.2）的约束条件可改写为：

$$c = wB(e)(24-L) \tag{4.3}$$

将式（4.3）代入式（4.1）可得到：

$$Max_{c,L,e}\, u = U[w(e)(24-L),\ L+a_1] - f(e,\ a_2) \tag{4.4}$$

基于式（4.4），对工人工作努力程度（e）求一阶导可求得最优路径下的均衡条件一：

$$\frac{\partial U}{\partial c} \times \frac{\partial w}{\partial e}(24-L^*) - \frac{\partial f}{\partial e} = 0 \tag{4.5}$$

基于式（4.4），对工人闲暇时间（L）求一阶导可求得最优路径下的均衡条件二：

$$\frac{\partial U}{\partial c}\times[-w(e^*)]+\frac{\partial U}{\partial L}=0 \tag{4.6}$$

基于式（4.5）和式（4.6）可知，最优路径下的工人工作努力程度（e^*）和闲暇（L^*）与城市 i 的自然宜居特征（a_1）和城市便利特征（a_2）相关，故均衡条件下的工人工作努力程度（e^*）和闲暇（L^*）可分别看作是自然宜居特征（a_1）和城市便利特征（a_2）的函数，表示如下：

$$e^*=e^*(a_1,\ a_2)\qquad L^*=L^*(a_1,\ a_2) \tag{4.7}$$

进一步，假定工人实现了效用最大化，其在城市 i 获得的效用可用间接效用函数表示为：$V=V(a_1,\ a_2)$。

接下来将重点分析均衡条件中 $e^*=e^*(a_1,\ a_2)$ 与自然宜居特征（a_1）和城市便利特征（a_2）的单调性关系，以揭示宜居环境因素与单位工人创新产出的相关关系。为方便分析，将工人从消费（c）和闲暇（L）获得的效用函数设定为柯布 - 道格拉斯（Cobb - Douglas）效用函数①，即：

$$U(c,\ L+a_1)\ =c^m(L+a_1)^{(1-m)} \tag{4.8}$$

其中，m 为消费的效用弹性系数，$0<m<1$。

对式（4.8）中的消费（c）和闲暇（L）分别求一阶导，得到：

$$\frac{\partial U}{\partial c}=mw^{(m-1)}(24-L)^{m-1}(L+a_1)^{1-m} \tag{4.9}$$

$$\frac{\partial U}{\partial L}=(1-m)w^m(24-L)^m(L+a_1)^{-m} \tag{4.10}$$

将式（4.9）和式（4.10）代入式（4.6）中求解均衡解（c^*、L^*），如下：

$$c^*=m(24+a_1)w(e^*) \tag{4.11}$$

$$L^*=(1-m)*24-ma_1 \tag{4.12}$$

$$L^*+a_1=(1-m)(24+a_1) \tag{4.13}$$

$$24-L^*=m(24+a_1) \tag{4.14}$$

将式（4.11）~式（4.14）代入式（4.5）中，得到均衡路径条件为：

$$\frac{w(e^*)^{(1-m)}\times\frac{\partial f}{\partial e}}{\frac{\partial w}{\partial e}}=m^{(m+1)}(1-m)^{1-m}(24+a_1) \tag{4.15}$$

---

① 注：一些其他形式的效用函数也适用于本书研究结论，例如线性效用函数等。

假定工人努力程度的边际劳动损耗随着努力程度的提高而增大，即工人越努力工作时，其边际劳动损耗增加得越快，即工人工作时产生的劳动损耗（f）是努力程度（e）的凸函数，表示为：$\frac{\partial^2 f}{\partial e^2}>0$，对应地，均衡路径下$\frac{\partial f}{\partial e}$是努力程度（$e^*$）的增函数。另一方面，工人工作越努力时，其单位努力程度的边际劳动报酬率越低，表明工人每小时工资率［w(e)］是工作努力程度（e）的凹函数，即$\frac{\partial^2 w}{\partial e^2}<0$，对应地，均衡条件中的努力程度的边际工资率报酬$\left(\frac{\partial w}{\partial e}\right)$是努力程度（$e^*$）的减函数。

基于此，式（4.15）的左侧函数中：分母$\frac{\partial w}{\partial e}$将随努力程度（$e^*$）增加而递减；分子中的$w(e^*)^{(1-m)}$和$\frac{\partial f}{\partial c}$均随努力程度（$e^*$）增加而递增；故总体上均衡条件中的左侧函数$\frac{w(e^*)^{(1-m)}\times\frac{\partial f}{\partial e}}{\frac{\partial w}{\partial e}}$是工人努力程度（$e^*$）的单调递增函数；对应地，式（4.15）的右侧函数也必定是工人努力程度（e^*）的单调递增函数。由于$0<m<1$，$m^{(m+1)}(1-m)^{1-m}$为大于0的常数，故（$24+a_1$）为工人努力程度（e^*）的单调递增函数，对应地，最优路径下的工人努力程度（e^*）也将随着城市自然宜居特征（a_1）的增加而递增，即：

$$\frac{\partial e^*}{\partial a_1}>0 \tag{4.16}$$

式（4.16）表明，工人实现效用最大化时，在其他条件不变的情况下，工人的工作努力程度（e^*）是城市自然宜居特征（a_1）的单调递增函数。

在区域产出创新的工人总数量（N）给定时，均衡路径下区域加总的创新产出［$Nk(e^*, g)$］随着工人最优工作努力程度（e^*）的增加递增，当工人的工作努力程度（e^*）是城市自然宜居特征（a_1）的单调递增函数时，区域加总的创新产出［$Nk(e^*, g)$］也将是城市自然宜居特征（a_1）的单调递增函数。即：

$$\frac{\partial Nk}{\partial a_1}>0 \tag{4.17}$$

式（4.17）表明，工人实现效用最大化时，在其他条件不变的情况下，区域加总的创新产出［$Nk(e^*, g)$］是城市自然宜居特征（a_1）的单调递增函数。从这一结论中得出本书的研究推论1：给定城市其他条件不变时，达到均衡条件时区域创新产出随着城市自然宜居程度的提高而增加。

为了进一步刻画城市便利特征（a_2）与区域创新产出［$Nk(e^*, g)$］的关系，接下来将对均衡条件式（4.15）中的城市便利特征（a_2）求一阶导数，得到：

$$\left[\left(\frac{\partial^2 f}{\partial e^2}\times\frac{\partial e^*}{\partial a_2}+\frac{\partial^2 f}{\partial e\partial a_2}\right)w(e^*)^{(1-m)}+(1-m)\frac{\partial f}{\partial e}w(e^*)^{-m}\frac{\partial w}{\partial e}\frac{\partial e^*}{\partial a_2}\right]\frac{\partial w}{\partial e}-\frac{\partial^2 w}{\partial e^2}\frac{\partial e^*}{\partial a_2}\frac{\partial f}{\partial e}w(e^*)^{(1-m)}=0 \quad (4.18)$$

整理式（4.18），可得：

$$\left\{\left[\frac{\partial^2 f}{\partial e^2}+\frac{\partial f}{\partial e}(1-m)w^{-1}\frac{\partial w}{\partial e}\right]\frac{\partial w}{\partial e}-\frac{\partial^2 w}{\partial e^2}\frac{\partial f}{\partial e}\right\}\frac{\partial e^*}{\partial a_2}=-\frac{\partial^2 f}{\partial e\partial a_2}\frac{\partial w}{\partial e} \quad (4.19)$$

根据前文分析的假定，可知：

$$\frac{\partial^2 f}{\partial e^2}>0;\ \frac{\partial f}{\partial e}>0;\ (1-m)>0;\ w^{-1}>0;\ \frac{\partial w}{\partial e}>0;\ \frac{\partial^2 w}{\partial e^2}<0$$

将以上不等式关系代入式（4.19）中，可推得达到均衡时有：

$$\left[\frac{\partial^2 f}{\partial e^2}+\frac{\partial f}{\partial e}(1-m)w^{-1}\frac{\partial w}{\partial e}\right]\frac{\partial w}{\partial e}-\frac{\partial^2 w}{\partial e^2}\frac{\partial f}{\partial e}>0 \quad (4.20)$$

假定工人努力程度的边际劳动损耗随着城市的便利设施和服务供给增加而降低，即提高地区城市便利（a_2）供给时，工人单位努力程度的边际劳动损耗下降，即$\frac{\partial^2 f}{\partial e\partial a_2}<0$，这一假定与现实基本符合，将其代入式（4.20）得到：

$$-\frac{\partial^2 f}{\partial e\partial a_2}\frac{\partial w}{\partial e}>0 \quad (4.21)$$

将式（4.20）和式（4.21）的结论应用于式（4.19），得到：

$$\frac{\partial e^*}{\partial a_2}>0 \quad (4.22)$$

式（4.22）表明，工人实现效用最大化时，在其他条件不变的情况下，工人的工作努力程度（e^*）是城市便利宜居特征（a_2）的单调递增函数。

同理，给定区域产出创新的工人总数量（N）不变时，达到均衡时城市加总的创新产出［$Nk(e^*, g)$］随着工人最优工作努力程度（e^*）的增加而递增，由此说明区域加总的创新产出［$Nk(e^*, g)$］也将是城市便利宜居特征（a_2）的单调递增函数。即：

$$\frac{\partial Nk}{\partial a_2} > 0 \tag{4.23}$$

式（4.23）表明，工人实现效用最大化时，在其他条件不变的情况下，区域加总的创新产出［$Nk(e^*, g)$］是城市便利宜居特征（a_2）的单调递增函数。从这一结论中得出本书的研究推论 2：给定城市其他条件不变时，工人实现效用最大化的均衡路径下的区域创新产出随着城市便利供给的提高而增加。

由此，在其他条件不变时，均衡路径下的区域创新产出与城市的自然宜居特征和城市便利特征有正相关的关系。实证研究将分别对研究推论 1 和研究推论 2 进行检验和分析。

第二节 异质性影响的理论基础

第一小节的模型分析中假定所有城市同质，由此每个城市的自然环境宜居特征（a_1）和城市便利宜居特征（a_2）的边际创新产出$\left(\frac{\partial Nk}{\partial a_1}、\frac{\partial Nk}{\partial a_2}\right)$相同。该部分将放松这一理论假设，将城市的异质性考虑在内，分析不同类型城市的自然环境宜居特征（a_1）和城市便利宜居特征（a_2）的边际创新产出是否存在差别。

一、沿海城市与内陆城市

假定城市 i 有两种类型：

$$i = \begin{cases} i = i_1，城市\ i\ 为沿海城市 \\ i = i_2，城市\ i\ 为内陆城市 \end{cases} \tag{4.24}$$

在我国，基于得天独厚的地理条件和政策条件等，沿海城市的经济发达水平和城市便利供给（a_2）普遍高于内陆城市。这一现实可用如下不等式刻画：

$$a_2 \big|_{i=i_1} > a_2 \big|_{i=i_2} \tag{4.25}$$

进一步，根据马斯洛的需求层次理论，只有人的低层次需求满足了以后，高层次的需求才会衍生出来并变得愈加重要。现实中，工人往往在城市便利中（a_2）获得较大效用以后，其对自然环境质量（a_1）变得更加关注，由此，假定工人实现最优化条件下自然宜居特征（a_1）的边际效用$\left(\frac{\partial V}{\partial a_1}\right)$随着城市便利条件（$a_2$）的改善而递增，即：

$$\frac{\partial \frac{\partial V}{\partial a_1}}{\partial a_2} > 0 \tag{4.26}$$

联立式（4.25）和式（4.26），可得：

$$\frac{\partial V}{\partial a_1}\bigg|_{i=i_1} > \frac{\partial V}{\partial a_1}\bigg|_{i=i_2} \tag{4.27}$$

式（4.27）表明，在沿海城市的城市便利条件（a_2）普遍相对较好的情况下，均衡路径下工人从自然宜居环境 a_1 中获得的边际效用$\left(\frac{\partial V}{\partial a_1}\right)$在沿海城市更高。由此，令城市 i 的自然宜居特征从 a_1 增加到（$a_1+\Delta$）时，工人增加的间接效用 $\Delta V = V(a_1+\Delta,\ a_2) - V(a_1,\ a_2)$ 在沿海城市更高，表现为：

$$\Delta V \big|_{i=i_1} > \Delta V \big|_{i=i_2} \tag{4.28}$$

假定沿海城市和内陆城市的创新工人总数分别为 N_1 和 N_2，给定其他条件不变，在沿海城市和内陆城市分别增加同等数量的自然宜居特征（a_1），工人在沿海城市增加的效用大于其在内陆城市增加的效用，区域间效用不均等将促使一部分创新工人迁移，实现空间效用均衡的结果将是沿海城市的工人数量（N_1）增加，而内陆地区的工人数量（N_2）减少，给定单位工人的创新产出［$k(e^*,\ g)$］增加在沿海城市和内陆城市无差别时，沿海城市的创新总产出增加量将高于内陆城市的创新总产出增加量。基于该分析，提出研究推论 3：增加同等数量的自然宜居特征，给定其他因素不变，沿海城市的创新产出增加要高于内陆城市的创新产出增加。

实证研究将通过比较自然宜居环境因素（a_1）的边际产出$\left[\frac{\partial Nk(e^*,\ g)}{\partial a_1}\right]$在沿海城市和内陆城市的相对大小来判断研究推论 3 的基本假设是否成立。

二、省会城市与非省会的差别

中国的省会城市和非省会城市由于政治地位的不同存在多方面的异质性。一般而言，由于集中了更多的政治资源，省会城市在吸引创新人才和企业上存在诸多优势。为了对比分析省会城市和非省会城市的宜居环境因素（a_1、a_2）的边际创新产出是否存在差别，扩展已有的理论模型如下：

假定城市 i 有两种类型：

$$i=\begin{cases} i=i_3，城市\ i\ 为省会城市 \\ i=i_4，城市\ i\ 为非省会城市 \end{cases} \tag{4.29}$$

城市的政治地位在决定城市便利供给中发挥了重要作用，例如，城市基础设施的建设，公共交通服务供给等。假定城市便利（a_2）由两部分构成：一部分为与城市政治地位相关的城市便利，记为 a_{21}；另一部分则为与城市的政治地位无关的城市便利，记为 a_{22}，地区总的城市便利（a_2）则为两个部分的加总，即：

$$a_2 = a_{21} + a_{22} \tag{4.30}$$

从现实出发，政治地位为地区带来的城市便利 a_{21} 在省会城市更高，用不等式表示为：

$$a_{21}\big|_{i=i_3} > a_{21}\big|_{i=i_4} \tag{4.31}$$

对于省会城市而言，其丰富的政治资源为城市建设带来了诸多便利，相比之下，与地区政治资源无关的城市便利为工人带来的边际效用较小；而对于非省会城市而言，其政治资源由于城市行政地位的长期不变而变动较少，地区城市便利多来自与政治资源无关的城市便利，故工人从其他城市便利（a_{22}）获得的边际效用更大，这一现实可用不等式刻画为：

$$\frac{\partial\left(\frac{\partial V}{\partial a_{22}}\right)}{\partial a_{21}} < 0 \tag{4.32}$$

综合式（4.31）和式（4.32）可得：

$$\frac{\partial V}{\partial a_{22}}\bigg|_{i=i_3} < \frac{\partial V}{\partial a_{22}}\bigg|_{i=i_4} \tag{4.33}$$

式（4.33）表明，在其他条件不变的情况下，非省会城市的工人从其他城市便利因素（a_{22}）的提高中获得的边际效用更大。由此，令城市 i 与城市的政治地位无关的城市便利从 a_{22} 增加到（$a_{22}+\Delta$）时，工人增加的间接效用 $\Delta V=V(a_1, a_2+\Delta)-V(a_1, a_2)$ 在非省会城市更高，表现为：

$$\Delta V|_{i=i_3}<\Delta V|_{i=i_4} \tag{4.34}$$

假定省会城市和非省会城市的高技能工人总数分别为 N_3 和 N_4，给定其他条件不变时，在省会城市和非省会城市分别提高同等数量的城市便利供给（a_{22}），工人在省会城市增加的效用小于其在非省会城市增加的效用，空间效用不均等将促使部分创新工人的空间迁移，重新达到空间效用均衡的结果将是省会城市的工人数量（N_3）减少，而非省会城市的工人数量（N_4）增加，当单位工人的创新产出［$k(e^*, g)$］增加量在两类城市相同时，非省会城市的创新总产出增加量将高于省会城市的创新总产出增加量。基于该分析，提出研究推论4：当地区与行政地位无关的城市便利供给提高相同的水平时，给定其他因素不变，非省会城市增加的创新产出要高于省会城市增加的创新产出。

实证研究将通过比较与行政地位无关的城市便利（a_{22}）的边际产出 $\left[\frac{\partial Nk(e^*, g)}{\partial a_{22}}\right]$ 在省会城市和非省会城市的相对大小来判断研究推论4的基本假设是否成立。

三、三种不同类型专利的差别

本书衡量区域创新产出的指标为人均专利强度，事实上，专利存在不同的类型，包括发明专利、实用新型专利和外观设计专利等。已有的研究指出，发明专利的新知识含量更高，创新性更强，而实用新型和外观设计次之。假定高技能工人生产不同类型专利的生产函数存在差别，具体将工人产出发明专利的产出函数设为 $k_1(e^*, g)$；工人产出实用新型专利的产出函数设为 $k_2(e^*, g)$；工人产出外观设计专利的产出函数设为 $k_3(e^*, g)$。在其他条件不变时，自然宜居环境因素（a_1）的边际创新产出分别对应为：$\frac{\partial Nk_1(e^*, g)}{\partial a_1}$、$\frac{\partial Nk_2(e^*, g)}{\partial a_1}$ 和 $\frac{\partial Nk_3(e^*, g)}{\partial a_1}$。同理，其他条件不变时，城市便利特征（$a_2$）的边际创新产出分别对应为：$\frac{\partial Nk_1(e^*, g)}{\partial a_2}$、$\frac{\partial Nk_2(e^*, g)}{\partial a_2}$和$\frac{\partial Nk_3(e^*, g)}{\partial a_2}$。通过对比宜居环境因素的边际创新产出，可判断工人产出不同类型专利时的生产函数是否存在实质差别。

在实证研究中，通过采用不同类型的人均专利数量作为被解释变量，并观察宜居环境因素的影响系数$\left[\frac{\partial Nk(e^*, g)}{\partial a_2}\right]$来判断工人生产不同类型专利的产出函数是否存在差别。

四、空气质量因素影响的单独分析

将空气质量因素构成的宜居特征设为a_0。现实中，与其他因素不同的是，空气质量因素（a_0）既是构成自然宜居特征（a_1）的一部分，也是构成城市便利宜居特征（a_2）的一部分。即：$a_1 = a_1(a_0)$，$a_2 = a_2(a_0)$。

根据前文已有的推论，实现工人选择最优化的均衡条件中的工人创新产出［$k(e^*, g)$］是自然宜居特征（a_1）和城市便利宜居特征（a_2）的递增函数，而自然宜居特征（a_1）和城市便利宜居特征（a_2）进一步是空气质量因素（a_0）的递增函数，例如，当空气质量得到提升时，地区的自然宜居程度和城市便利宜居程度均显著提高。由此，故均衡路径下的$k(e^*, g)$也是空气质量因素（a_0）的递增函数。

考虑到空气质量因素作为宜居环境因素的特殊性，实证研究将对空气质量因素对区域创新产出的影响进行单独分析，分析时对空气质量因素影响可能存在的内生性问题也加以考虑，检验空气质量因素的边际创新产出是否为正。

第三节　渠道分析的理论基础

第一小节构建的理论模型中，自然宜居特征（a_1）和城市便利宜居特征（a_2）对区域创新的影响主要通过其对均衡条件中的区域创新产出［$Nk(e^*$, g)］中单位工人的工作努力程度（e^*）影响来体现。事实上，城市结构因素（g）的边际创新产出$\left(\frac{\partial k}{\partial g}\right)$和地区的人力资本池（N）也可能受到城市宜居环境因素（a_1、a_2）的影响，即宜居环境因素存在多种影响区域创新的渠道。为了检验城市宜居环境因素（a_1、a_2）对区域创新产出［$Nk(e^*, g)$］影响渠道的多种可能性，下面引入更多的理论假定来进行分析。

首先，假定城市结构变量（g）由多种城市特征构成，即：

$$g = (g_1, g_2, g_3, \cdots\cdots) \tag{4.35}$$

其中，g_1 代表地区的人力资本，g_2 代表地区的物质资本，g_3 代表地区的集聚经济程度。人力资本（g_1）的边际创新产出可表示为：$\frac{\partial Nk}{\partial g_1}$，本书将其称为“创新增长的人力资本转化效率”；物质资本（g_2）的边际创新产出可表示为：$\frac{\partial Nk}{\partial g_2}$，本书将其称为“创新增长的物质资本转化效率”；集聚经济（g_3）的边际创新产出可表示为：$\frac{\partial Nk}{\partial g_3}$，本书将其称为“创新增长的集聚经济的正外部性”。下面将通过相关的城市宜居环境因素（a_1、a_2）对创新增长的“人力资本转化效率”“物质资本转化效率”以及“集聚经济的正外部性”的影响假定形成理论基础。

（1）假定创新增长的人力资本转化效率与城市宜居环境因素正相关。在其他条件不变，有：

$$\frac{\partial \frac{\partial Nk}{\partial g_1}}{\partial a_1} > 0 \tag{4.36}$$

$$\frac{\partial \frac{\partial Nk}{\partial g_1}}{\partial a_2} > 0 \tag{4.37}$$

实证分析将通过回归方程中人力资本（g_1）与宜居环境因素（a_1、a_2）的交互项系数来判断这一假定是否成立，若该假设成立，表明“宜居环境因素影响创新增长的人力资本转化效率”是“宜居环境因素影响区域创新”的影响渠道之一；反之，则不成立。

（2）假定创新增长的物质资本转化效率与城市宜居环境因素正相关。在其他条件不变，有：

$$\frac{\partial \frac{\partial Nk}{\partial g_2}}{\partial a_1} > 0 \tag{4.38}$$

$$\frac{\partial \frac{\partial Nk}{\partial g_2}}{\partial a_2} > 0 \tag{4.39}$$

实证分析将通过回归方程中物质资本（g_2）与宜居环境因素（a_1、a_2）的交互项系数来判断这一假定是否成立。若该假设成立，表明“宜居环境因素影响创新增长的物质资本转化效率”是“宜居环境因素影响区域创新”的影响渠道之一；反之，则不成立。

（3）假定创新增长的集聚经济正外部性与城市宜居环境因素正相关。在其他条件不变，有：

$$\frac{\partial \frac{\partial Nk}{\partial g_3}}{\partial a_1} > 0 \tag{4.40}$$

$$\frac{\partial \frac{\partial Nk}{\partial g_3}}{\partial a_2} > 0 \tag{4.41}$$

实证分析将通过回归方程中集聚经济（g_3）与宜居环境因素（a_1、a_2）的交互项系数来判断这一假定是否成立。若该假设成立，表明“宜居环境因素影响创新增长的集聚经济正外部性”是“宜居环境因素影响区域创新”的影响渠道之一；反之，则不成立。

（4）假定城市 i 的高技能工人数量（N）是地区自然宜居特征（a_1）和城市便利宜居特征（a_2）的增函数 $N(a_1, a_2)$，即：

$$\frac{\partial N}{\partial a_1} > 0 \tag{4.42}$$

$$\frac{\partial N}{\partial a_2} > 0 \tag{4.43}$$

给定其他因素不变时，由于城市的创新总产出［$N(a_1, a_2)k(e^*, g)$］是工人数量（N）的增函数，当地区的自然宜居特征（a_1）和城市便利宜居特征（a_2）增加时，城市创新总产出也将增加。

第七章的实证分析将实证探究地区宜居环境因素与地区人力资本池（N）的相关关系来判断这一假定是否成立，若该假设成立，表明“宜居环境因素影响地区人力资本池”是“宜居环境因素影响区域创新”的影响渠道之一；反之，则不成立。

第四节 结　论

通过在高技能工人效用函数中引入自然环境特征与城市便利特征变量，本章运用理论分析了宜居环境因素对区域创新产出的影响机理与渠道。在构建的基本理论模型中，给定其他条件不变的情况下，自然宜居环境因素和城市便利特征决定了均衡条件下的高技能工人的工作努力程度，而工人的工作努力程度则直接关乎创新产出，由此均衡路径下自然宜居环境因素和城市便利特征与区域创新产出也显著正相关。基于该理论分析，提出研究推论 1 和研究推论 2 分别为：

研究推论 1：给定城市其他条件不变时，达到均衡条件时城市创新产出随着城市自然环境质量的提高而增加。

研究推论 2：给定城市其他条件不变时，工人实现效用最大化的均衡路径下的区域创新产出随着城市便利供给的提高而增加。

结合现实中城市特征的不同、专利特征的不同，第二小节就宜居环境因素对区域创新的影响进行了异质性分析，基于理论分析提出研究推论 3 和研究推论 4 分别为：

研究推论 3：增加同等数量的自然宜居特征，给定其他因素不变，沿海城市的创新产出增加要高于内陆城市的创新产出增加。

研究推论 4：当地区与行政地位无关的城市便利供给提高相同的水平时，给定其他因素不变，非省会增加的城市的创新产出要高于省会城市增加的创新产出。

此外，有关异质性的理论分析指出地区宜居环境因素对区域创新的影响可能因专利类型的不同存在差异，以及有关空气质量因素的影响可进行单独分析讨论。

渠道分析指出，宜居环境因素除了对高技能工人的工作努力程度（即个体劳动生产率）产生影响进而影响区域创新产出以外，还可能通过创新产出的人力资本转化效率，物质资本转化效率，集聚经济的正外部性效应以及扩大人力资本池等渠道间接影响区域创新产出，通过施加不同的研究假定，可分别形成不同的研究假说，有关影响渠道是否存在需要通过实证分析来检验得出。

总体上，本章的理论分析为第五～第七章的实证分析奠定了理论基础，通过实证分析可检验理论分析得出的研究推论是否成立以及提出的理论假设是否成立。

第五章　宜居环境因素对区域创新影响的实证分析

基于第四章的理论分析，本章将建立实证模型探究宜居环境因素对区域创新的影响，检验研究推论1和研究推论2是否成立。本章内容上包括实证变量，模型和方法的讨论以及实证结果的分析。具体，第一节设定实证模型，第二节讨论实证变量及数据来源，尤其重点介绍宜居环境因素的指标体系；第三节探讨实证模型回归方法，尤其就模型可能的内生性问题进行针对性地策略探讨；第四节基于实证数据对宜居环境因素与区域创新的相关性进行了分析；进一步，第五节汇报和分析了基准模型回归结果；第六节则汇报和分析了考虑了多种模型设定，变量选择和样本范围可能性的稳健性检验结果；最后，第七节对本章研究发现进行了总结。

第一节　实证模型设定

与理论分析保持一致，本书在建立实证模型时，将自然宜居环境因素和城市便利环境因素作为影响区域创新产出的重要变量，此外，在选择其他影响区域创新产出的城市特征变量时参考已有的区域创新增长经典理论。例如，根据内生经济增长率理论，创新是人力资本和研发投入等投入的产出（Griliches，1979，1986；Jaffe，1986）；根据新经济地理学理论，集聚经济是解释地区创新表现的重要因素（Carlino，Chatterjee and Hunt，2007；Redding，2010）；进一步，根据区域创新系统理论，地区结构性因素，如集聚经济水平和经济发展水平因素对创新增长的重要性（Rodríguez－Pose and Crescenzi，2008；Crescenzi，Rodríguez－Pose and Storper，2012；Crescenzi and Rodríguez－Pose，2013）。随着罗德里格斯式和威尔基（Rodríguez－Pose and Wilkie，

2016）提出，由于经济发展程度、人口规模和制度环境等的不同，任何两个国家之间都存在着异质性，不存在一个区域创新地理模型适用于任何地区和国家，本书采用克雷森齐、罗德里格斯式和斯托珀（Crescenzi，Rodríguez－Pose and Storper，2007）的区域创新决定因素模型，该模型在中观层面的区域创新研究中得到了广泛运用（例如 Rodríguez－Pose and Crescenzi，2008；Crescenzi，Rodríguez－Pose and Storper，2012；Crescenzi and Rodríguez－Pose，2013；Lee and Rodríguez－Pose，2014；Rodríguez－Pose and Villarreal Peralta，2015；Betz，Partridge and Fallah，2016），具体模型设定如下：

$$inno_{i,t} = \alpha + \alpha_1 amenity\_nature_{i,t-1} + \beta_1 amenity\_urban_{i,t-1} + \alpha_2 X_{i,t-1} + \mu_i + \nu_t + \varepsilon_{it} \tag{5.1}$$

其中，$inno_{i,t}$是 i 地区在 t 时期的创新产出，$amenity_nature_{i,t-1}$和 $amenity_urban_{i,t-1}$分别是 i 地区（t－1）时期的自然环境质量因素和城市便利因素；$X_{i,t-1}$是控制变量因素。μ_i 和 ν_t 分别是城市固定效应和时间固定效应，ε_{it}是误差项。为克服可能的反向因果关系导致的内生性问题，模型右边的解释变量均为滞后一期变量。此外，值得强调的是，与克雷森齐、罗德里格斯式和斯托珀（Crescenzi，Rodríguez－Pose and Storper，2007）不同，本书实证模型重点讨论宜居性因素对创新的影响，而非重点关注研发投入以及创新的空间溢出效应等，由此模型系数 α_1 和 β_1 为本书最感兴趣的变量系数，该系数为正则表明城市宜居环境因素是创新增长的动力因素；系数为负则表明宜居环境因素是创新增长的阻力因素。考虑到研究中变量的量纲不同，比如温度的单位为摄氏度、人均绿化面积为平方米，研究将主要关注各项宜居环境因素变量前系数的符号，而非具体数值。

第二节　变量和数据

实证部分的变量包括被解释变量创新产出，宜居环境因素变量和控制变量等。其中宜居环境因素变量是关键的变量，本书设计了自然环境质量单因素和城市便利因素单因素变量及对应的综合指标；控制变量包括研发投入，人力资本投入和经济发达程度、人口规模、集聚经济和产业结构等结构变量。以下将对变量及数据展开介绍。

一、创新产出变量

本书被解释变量为创新产出，运用人均专利申请量衡量，其中专利申请量是发明专利、实用新型专利和外观设计专利的总和。一些研究指出，运用专利申请量来衡量创新存在一些缺陷，表现在：（1）很多创新并没有申请专利，使用专利来衡量地区创新产出会忽略掉很多创新；（2）专利的“质量”无法通过专利数据反映和量化出来，事实上，不同种类的专利之间的“创新性”差别较大；（3）专利申请地和创新活动发生的地区存在匹配误差，例如，一些专利申请的实际创新主体来自国外或者活动在其他地区（Desrochers，1998；Li and Pai，2010；Nagaoka，Motohashi and Goto，2010；Crescenzi，Rodríguez - Pose and Storper，2012）。虽然采用专利衡量创新存在不足，但其仍然是区域层面上最为可靠和应用最广泛的创新衡量指标之一（Mansfield，1986；Griliches，1990；Hagedoorn and Cloodt，2003；Cabrer - Borras and Serrano - Domingo，2007；Crescenzi，Rodríguez - Pose and Storper，2012；Leo and Boiardi，2014；Mate - Sanchez - Val and Harris，2014）。这是因为，首先，创新的衡量本身存在较大难度，专利统计是“唯一可以观察到的发明活动并且具有普适性（Trajtenberg，1990）；其次，专利申请量能够衡量大部分的创新（Cabrer - Borras and Serrano - Domingo，2007）。

此外，在专利申请量和授权量的指标选择上，经济学界的国外文献通常采用专利申请受理而不是专利申请授权来衡量创新，这是因为专利受理量与研发投入关系密切，而授权量比受理量多了一个政府有关部门的审核环节，其授权情况受到政府专利机构审核人员偏好和政策影响等人为因素的影响较大，使得专利授权由于不确定性因素增大而容易出现异常变动，且授权量与研发投入之间存在一定的时滞效应（李习保，2007；余泳泽和刘大勇，2014），相比之下，专利申请受理比授权更能反映当年区域创新的真实水平（盛翔，2012；王庆喜和张朱益，2013；李晨，覃成林和任建辉，2017）。此外，黄忠武（2014）指出，发明专利技术的拥有量是衡量一个企业和一个国家技术创新能力的最好指标，在发明专利的受理量与授权量之间，发明专利的受理量一定程度上保证发明专利申请规范，反映了科技投入的意愿产出，能够更好地反映科技投入的实际产出水平。国内的经验研究同时指出，专利申请受理和授权量具有高度相关性，使用两种指标中任何一个指标的结果差别不大（王庆喜和张朱益，2013）。综上，本书将采用人均专利申请量来衡量创新产出。

国内的经验研究中，采用专利申请量的研究和采用专利授权量的研究均有。例如，采用专利申请量的研究有：程雁和李平（2007），张钢和王宇峰（2010），李国平和王春杨（2012），王庆喜和张朱益（2013），洪进和胡子玉（2015），周迪和程慧平（2015），程叶青、王哲野和马靖（2015），马大来、陈仲常和王玲（2017），李晨、覃成林和任建辉（2017），吕新军和代春霞（2017）等。采用专利授权量的研究有：郑绪涛（2009），李婧、谭清美和白俊红（2010），魏守华、吴贵生和吕新雷（2010），蒋天颖（2013），张战仁（2013），谭俊涛、张平宇和李静（2016），朱俊杰和徐承红（2017），何舜辉、杜德斌和焦美琪等（2017），王俊松、颜燕和胡曙虹（2017）等。同时运用专利申请量和授权量的研究有：李习保（2007），余泳泽和刘大勇（2014）等。

二、宜居环境变量

本书考虑的宜居变量有两类，一类是自然环境质量因素，另一类是城市便利因素。结合文献中宜居环境因素具备非金钱因素，当地化特征和高收入需求弹性三大特点以及衡量方法，本书考虑的自然环境质量方面的指标有：温度舒适性指数，空气污染物含量，年平均湿度，年平均日照时数，年平均降水量，人均绿地面积，沿海城市的虚拟变量。其中温度舒适性指数是运用最高温度和最低温度到年平均温度的标准差的倒数来衡量，具体说明如下：

$$\text{temindex}_i = \frac{1}{\sqrt{(\text{mintem}_i - \text{average}_i)^2 + (\text{maxtem}_i - \text{average}_i)^2}} \tag{5.2}$$

其中，temindex_i 为地区温度宜居性指数，average_i 为 i 地区的年平均温度，mintem_i 和 maxtem_i 分别为 i 地区年平均最低温度和最高温度，本书采用一月和七月的平均温度来代表。每年温差变化较小时，地区温度环境越舒适，温度宜居性指数越大，故温度宜居指数越大代表地区温度越宜居。

本书气候数据如温度、降雨量、阳光时数、湿度等仅在省会城市层面上可得，考虑到一个省份内部气候相差较小，本书样本中非省会城市的气候变量采用对应省份省会城市的气候变量数据。气候变量中的空气质量数据来源于美国航空航天局网站，由于该数据有效年份为2000~2010年，为与样本研究区间对应，本书选取了2003~2010年的空气质量数据。除了气候变量，本书还加入了一些不随时间变化的宜居变量，如地理位置，行政地位（是否省会城市）等，这些变量的影响将在随机效应回归模型的结果中汇报。

城市便利性指标包括公共产品和服务的供给，如医疗资源的可获得性，中小学教育资源的可获得性，基础设施和公共交通资源，如人均公共交通车辆数拥有量和人均城市道路面积，旅游资源，如国家级4A级和5A级旅游景区个数，以及地区高质量的大学个数。在公共产品和服务中，本书尤其强调将地区中小学学校数和医疗卫生服务资源包括在内，原因与我国特有的人口管理制度-户籍制度有关。中国户籍制度规定本地人口和外地人口在享受地区公共资源上存在差异，其主要目的在于一个地区对于人口的可吸纳能力有限，尤其是在满足人口对公共资源和服务的需求上，倘若无户籍制度的人口享受公共资源的限制，当前中国的一些特大城市在提供公共产品和服务资源上将面临突出的资源短缺问题。作为世界上人口最多的国家，中国城市公共资源的供给难以在短时期内满足不断涌入的外地人口和快速增长的本地人口的需求，倘若每个人都可以享受公共教育和资源，则会进一步凸显该资源的稀缺性，若资源无法通过价格市场调节，那么一定会产生别的机制来优化地区的资源分配。由此，户口制度的本质也是一种资源分配调节机制，其设计的目的是为了解决城市公共产品和服务供给与需求之间的冲突。过去三十多年来，与户籍制度最相关的利益集中在购房，子女入学和公共医疗资源上，资源的稀缺性反映出地区教育和医疗资源对于留住和吸引人口至关重要。除了人均指标，本书还加入了公共中小学教育资源和医疗资源的绝对量指标，以反映选择资源种类的多样化带来的宜居性。

地区的其他公共服务，如公共交通服务和城市基础设施状况等也构成城市便利的重要方面，尤其进入21世纪以后，随着技术进步和人均拥有轿车数量的快速增加，交通拥堵问题成为突出的中国“大城市病”。伴随着一些城市出台相关规定限制流入市场的轿车牌照发放数量，公共交通设施及服务的可获得性成为了决定地区内部通勤时间的重要城市便利。本书将“城市人均道路面积”和“每万人公共汽车拥有数”作为反映城市交通便利水平的指标。

地区高质量大学也是构成城市便利的重要部分。一方面，大学校园美丽安静，建筑别具风格，处处洋溢着浓厚的文化和历史气息，充满着活力的大学生也往往是高素质人群的代表，整个大学校园的社区文明程度高；另一方面，大学是新知识和新思想的孕育之地，也是知识溢出效应的发源地。高质量大学更是成为吸引企业和工人入驻的重要原因，例如，美国的硅谷和波士顿港湾区域均集中了较多世界著名大学。在中国，高质量的大学多在北京、上海、广州等大城市中。大学的开放性也让它成为了地区重要的便利指标，本书采用国家“211”工程的大学数量来衡量地区高质量大学。此外，本书将地区的旅游资源作为衡量地区宜居程度的关键变量之一，这是考虑到旅游资源往往能带给人美的享受，如壮观的地形地貌，历史文化特色和别具风格的建筑物。此外，近年来随着经济水平的发展，旅游变得越发普遍，说明地区从旅游资源获得的享受也是人们生活质量的一部分。在地区历史文化特色等方面的城市便利越来越突出而这些特色又无法直接量化时，地区旅游资源无疑是较好的衡量指标。为保证旅游资源的质量，本书采用地区 4A 级及 5A 级旅游景点数量来衡量地区特色方面的城市便利内容。

事实上，现实中的劳动者和企业一般会综合考虑地区不同方面的宜居要素来进行区位选择，构建地区综合宜居指标显得十分必要。除此之外，构建综合宜居指数还可以避免可能宜居环境因素变量间的多重共线性问题（郑思齐，符育明和任荣荣，2011）。本书将运用主成分分析的方法构建自然宜居指数和城市便利宜居指数等两个方面的宜居指数。其中自然宜居指数 1（naindex1）和自然宜居指数 2（naindex2）分别为从自然环境质量因素中提取的两个主成分，其中投入变量包括了地区温度舒适性指数（temindex）、平均降雨量（avpre）、平均日照时数（avsun）、平均湿度（avhum）、绿地面积（green）和空气污染水平（pm2_5）六个变量。城市便利宜居指数 1（urindex1）和城市便利宜居指数 2（urindex2）为从城市便利因素中提取的两个主成分，投入变量包括人均床位数（pbed）、人均中学数量（pmschool）、人均小学数量（ppschool）、人均道路面积（perroad）、人均拥有城市公共汽车数量（pertrans）和地区 4A 级和 5A 级旅游景点个数（tour）等六个变量。其中选择两个主成分因子作为综合宜居指数的目的是对比研究结果的不同以及检验指数本身是否会造成结果的差异。

具体地，以自然环境质量因素合成的自然宜居指数的主成分分析结果中，

KMO 和 Bartlett 的检验值大于 0.6，第一个主成分解释了总方差的 40.1%，第二个主成分解释了总方差的 19.5%；以城市便利因素合成的城市便利指数的主成分结果中，KMO 和 Bartlett 的检验值同样大于 0.6，提取的第一个主成分解释了总方差的 38.0%，第二个主成分解释了总方差的 23.2%。具体两类主成分分析中各成分得分系数情况如表 5－1 所示。

表 5－1　　主成分得分系数结果

项目	自然环境质量因素		变量	城市便利因素	
变量	成分得分系数			成分得分系数	
	1	2		1	2
湿度	0.367	0.067	人均床位数	0.391	0.043
日照时数	－0.340	－0.249	人均中学数	0.150	0.617
降雨量	0.254	－0.026	人均小学数	－0.085	0.496
绿地面积	－0.003	－0.221	公共交通	0.423	0.160
空气污染	－0.035	0.791	道路面积	0.340	－0.030
温度宜居指数	0.319	－0.334	旅游环境	0.142	－0.072

可以观察到自然环境质量因素提取的第二个主成分中空气污染物变量的系数方向为正，为了让指标更能与中国事实和研究直觉吻合，本书取第二个主成分的相反数构成自然宜居指数 2，第一个主成分则对应为自然宜居指数 1；进一步，考虑到教育资源和医疗资源的重要性，观察到从城市便利因素中提取的两个主成分中的医疗资源和教育资源指标系数基本为正，本书分别采用提取的两个主成分作为城市便利指数 1 和城市便利指数 2。值得说明的是，本书为两类宜居环境因素分别构建了两个综合宜居指数，其一是为了更全面地反映地区综合宜居程度，其二是为了对两个指数的实证结果进行对比以检验结果的稳健性。

为了直观把握构建的宜居环境综合指数结果，表 5－2 和表 5－3 分别列出了 2010 年以自然宜居指数 2 为依据的排名结果（排名前二十的城市和排名末二十的城市）和以城市便利宜居指数 2 为依据的排名结果（排名前二十的城市和排名末二十的城市）。

表 5-2　　自然宜居城市排名结果

自然环境最宜居前二十城市				自然环境最不宜居二十城市			
排名	自然宜居指数2	城市	省份	排名	自然宜居指数2	城市	省份
1	10.31	河源	广东	1	-2.36	自贡	四川
2	3.20	丽江	云南	2	-2.22	新乡	河南
3	2.89	保山	云南	3	-2.16	内江	四川
4	2.85	临沧	云南	4	-2.14	安阳	河南
5	2.85	昆明	云南	5	-2.13	焦作	河南
6	2.75	玉溪	云南	6	-2.12	濮阳	河南
7	2.67	思茅	云南	7	-2.07	开封	河南
8	2.65	曲靖	云南	8	-2.05	郑州	河南
9	2.28	三亚	海南	9	-2.00	衡水	河北
10	2.24	海口	海南	10	-1.99	鹤壁	河南
11	2.20	深圳	广东	11	-1.93	邯郸	河北
12	2.02	昭通	云南	12	-1.92	石家庄	河北
13	1.95	呼伦贝尔	内蒙古	13	-1.91	许昌	河南
14	1.60	西宁	青海	14	-1.85	聊城	山东
15	1.45	珠海	广东	15	-1.85	邢台	河北
16	1.43	乌鲁木齐	新疆	16	-1.72	成都	四川
17	1.43	乌兰察布	内蒙古	17	-1.69	宜宾	四川
18	1.39	潮州	广东	18	-1.69	漯河	河南
19	1.34	伊春	黑龙江	19	-1.68	商丘	河南
20	1.34	东莞	广东	20	-1.65	眉山	四川

从表 5-2 的结果可知，自然环境最宜居的城市主要集中在我国的南方城市中，尤其是广东、云南、海南等地区的一些城市。此外，我国的内蒙古和黑龙江地区的一些城市自然环境质量也较高。相比之下，自然环境最不宜居的城市则主要集中在我国的人口流出大省：四川、河南和河北等地区。

表 5-3　　城市便利宜居排名结果

城市便利环境最宜居前二十城市				城市便利环境最不宜居二十城市			
排名	城市便利宜居指数 2	城市	省份	排名	城市便利宜居指数 2	城市	省份
1	7.93	忻州	山西	1	-3.13	汕头	广东
2	6.06	吕梁	山西	2	-2.62	营口	辽宁
3	5.61	深圳	广东	3	-2.14	东莞	广东
4	5.13	延安	陕西	4	-1.92	乌兰察布	内蒙古
5	4.85	朔州	山西	5	-1.87	重庆	重庆
6	4.62	长治	山西	6	-1.79	南通	江苏
7	4.55	晋城	山西	7	-1.77	巴彦淖尔	内蒙古
8	4.48	朔州	山西	8	-1.72	南通	江苏
9	4.05	白银	甘肃	9	-1.70	宿迁	江苏
10	3.90	临汾	山西	10	-1.64	盐城	江苏
11	3.76	商洛	陕西	11	-1.62	淮安	江苏
12	3.71	临沧	云南	12	-1.61	连云港	江苏
13	3.61	晋中	山西	13	-1.58	临沂	山东
14	3.35	铜川	陕西	14	-1.50	云浮	广东
15	3.30	大同	山西	15	-1.48	南京	江苏
16	3.29	商洛	陕西	16	-1.47	新余	江西
17	3.27	榆林	陕西	17	-1.47	徐州	江苏
18	2.93	黑河	黑龙江	18	-1.45	泰州	江苏
19	2.80	酒泉	甘肃	19	-1.45	乌海	内蒙古
20	2.67	庆阳	甘肃	20	-1.45	阳江	广东

从表 5-3 的结果可知，我国城市便利条件最好的城市集中在我国的山西、陕西、黑龙江和甘肃等省份，而最不便利的城市则集中在我国的广东、江苏和内蒙古等省份。本书得出的地区城市便利排名与地区经济发达程度排名差别较大，而过去的以中国省会城市为主的城市生活质量研究中，城市便利程度与地区的经济发达程度高度相关，例如郑、长恩和刘（Zheng，Kahn and Liu，2010）计算得出 2006 年 30 个省会城市的生活质量排名前十的城市

有广州、南京、福州、天津、海口、上海、北京、杭州、贵阳和昆明，排名末十位的城市分别为：合肥、南昌、成都、石家庄、哈尔滨、长沙、西安、兰州、武汉、乌鲁木齐和重庆，其结果中生活质量排名与地区经济发达程度高度相关；温婷，林静和蔡建明等（2016）基于诸多指标计算中国主要城市的城市可居性（livibility）最好的城市有：北京、深圳、上海、南京、广州、厦门、海口、武汉和西安等。本书结果与前人研究结果不同的可能原因在于：第一，本书基于中国地级市层面的数据研究；第二，本书在宜居因素的定义中未将地区经济因素纳入，但选择了人均教育资源和医疗资源等指标。

三、控制变量

本书考虑的控制变量包括地区的研发投入、人力资本投入和结构类因素，其中结构类因素包括人口规模、集聚经济，经济发展水平，产业结构[①]等。控制变量的选择结合了创新动力机制的相关文献。首先，研发投入和人力资本投入[②]是实现创新的重要投入要素，在大多数情况下创新产出源自有创新目的的研发行为，无疑增加研发投入和人力资本投入将会产出更多创新，故预期研发投入和人力资本的符号为正；其次，结构类因素构成了地区创新发展系统并决定了创新投入转化为创新产出的效率。例如，地区的人口规模在一定程度上反映了地区的市场规模，扩大市场规模有利于刺激创新活动的需求；集聚经济环境有利于实现知识和信息的快速交换和流动，决定了区域创新的知识溢出程度，预期集聚经济变量的系数为正；地区的经济发展水平提供了创新发展所必需的物质资本，在创新发展起来以后，地区经济越活跃，意味着创新的条件更成熟，机会更多，创新成功的概率更大，由此地区经济发达水平对创新的影响预期为正；创新与制造业的活动容易产生协同集聚效应，故地区的制造业比重越高，预期的创新产出更高。总体上，本书将以上四类变量纳入创新结构类变量作为控制变量，在文献综述中，影响创新的因

---

① 基于固定效应模型的模型设定以及研究数据可得性的限制，一些其他对区域创新发展可能有影响但随时间变化较小的因素如制度、FDI、金融约束本书均假定其通过固定效应项来体现。

② 本书中人力资本（sharecoll）变量与城市便利宜居变量中人均中学数与人均小学数变量（pmschool、ppschool）的相关性系数分别为 -0.1063，-0.3259，说明二者之间的相关性并不高，高度共线性的问题可以忽略。

素还包括对外开放程度、社会网络、经济多样性、高校和科研机构，制度等因素，考虑到区域层面的对外开放程度、社会网络、制度等因素与地区的发达程度往往高度正相关，且社会网络和制度因素存在数据测度的困难，本书研究未将以上提及的因素考虑在内。

具体本书涉及的变量定义和说明如表 5－4 所示，变量对应的统计性描述则如表 5－5 所示。

表 5－4　　变量定义与描述

项目	变量	变量名	变量定义
1. 被解释变量	创新强度	inno	人均专利申请量（件/万人）
2. 宜居环境因素变量			
自然环境质量因素	温度舒适性指数	temindex	根据年平均温度，一月平均温度和七月平均温度数据计算得出
	空气污染	pm2_5	细颗粒物（PM2.5）年平均浓度（微克/立方米）
	湿度	avhum	年平均相对湿度（%）
	日照	avsun	年平均日照时数（千小时）
	降水量	avpre	年平均降水量（百毫米）
	绿地面积	green	人均绿地面积（百平方米/人）
	沿海	coast	是否是沿海城市，沿海城市 coast = 1，非沿海城市 coast = 0
城市便利变量	人均床位数	pbed	人均医院，卫生院床位数（张/万人）
	人均中学数	pmschool	人均普通中学数量（所/万人）
	人均小学数	ppschool	人均小学数量（所/万人）
	好大学数量	u211	“211 工程”学校数
	道路面积	perroad	人均城市道路面积（平方米/人）
	公共交通	pertrans	每万人拥有公共汽车数（辆）
	旅游环境	tour	国家 4A 级和 5A 级旅游景区个数（个）
	总床位数	bed	医院，卫生院床位数（万个）
	总中学数	mschool	普通中学数量（百所）
	总小学数	pschool	小学数量（百所）

续表

项目	变量	变量名	变量定义
3. 控制变量	研发投入	rd	研发支出占国内生产总值比重（%）
	人力资本	sharecoll	拥有本科及本科以上学历就业人口占25～64岁总就业人口比重（%）
		avedu	6岁以上人口平均受教育年限
	人口规模	popu	年末人口数（万人）
	集聚经济	popudensi	人口密度（百人/平方公里）
	产业结构	sharemanu	制造业就业人口占总人口比重（%）
	经济水平	GDPpc	人均国内生产总值（万元/人）

表5-5　　变量统计性描述

变量	观察值个数	平均值	标准差	最小值	最大值
创新强度	3396	5.169	14.911	0.000	214.290
自然宜居指数1	2247	0.000	1.000	-2.094	2.867
自然宜居指数2	2247	0.000	1.000	-2.359	10.307
城市便利宜居指数1	3373	0.000	1.000	-1.933	10.575
城市便利宜居指数2	3373	0.000	1.000	-3.131	7.932
温度宜居指数	3379	0.059	0.020	0.031	0.162
空气污染	2264	48.564	23.304	5.995	109.167
日照	3396	1.901	0.465	0.598	3.093
降雨量	3396	9.822	7.133	0.749	93.640
平均湿度	3396	66.485	9.179	42.000	85.000
绿地面积	3387	8.225	12.841	0.021	638.552
人均床位数	3391	33.716	15.519	8.137	135.810
人均中学数	3392	0.569	0.154	0.204	1.594
人均小学数	3393	2.351	1.691	0.199	15.486
旅游环境	3396	4.270	5.875	0.000	83.000
道路面积	3384	9.772	7.235	0.000	114.910
公共交通	3386	7.110	6.598	0.000	115.000

续表

变量	观察值个数	平均值	标准差	最小值	最大值
总床位数	3391	1.398	1.294	0.087	14.872
总中学数	3392	2.317	1.477	0.100	15.640
总小学数	3393	9.438	8.376	0.180	109.660
研发投入	3391	0.317	0.652	0.000	9.495
人力资本	3385	4.828	4.380	0.377	36.314
平均受教育年限	3396	8.778	0.932	2.763	12.894
集聚经济	3396	422.870	322.562	4.700	2661.540
产业结构	3365	43.504	13.900	-18.160	84.400
人口规模	3396	430.592	302.986	16.370	3375.200
经济水平	3387	2.941	2.714	0.010	46.775

四、数据来源

本书所使用的数据主要来源于历年《中国城市统计年鉴》《中国统计年鉴》和《中国人口普查分县资料》。其中专利申请量数据从国家知识产权局网站（http://www.sipo.gov.cn/tjxx/）中抓取获得，其中专利数据包括了发明专利、实用新型专利和外观设计专利三种类型专利信息。气候变量如温度、湿度、日照时数、降雨量等数据来自《中国环境统计年鉴》和《中国统计年鉴》；空气质量数据来源于美国国家航空航天管理局网站（National Aeronautics and Space Administration in the United States）的气候资料共享数据，本书对其栅格数据进行处理得到地级市层面加总数据；地区人均床位数、中小学数量、人均城市道路面积，每万人拥有公共汽车数的数据来自历年《中国城市统计年鉴》；国家4A级和5A级旅游景区个数根据百度百科（https://baike.baidu.com/）整理获得。控制变量中的研发投入、年末人口数、人口密度数据、制造业就业人口和国内生产总值数据来自历年《中国城市统计年鉴》，人力资本数据根据《中国人口普查分县资料》（2000/2010）整理获得，其中2010年以外的其他年份数据基于2000年和2010年数据运用线性插值法估算得出。本书研究样本为283个主要地级市2003~2014年间的变量。为减少价格差异导致的影响，本书对数据进行了平滑处理，具体为将国内生产总值数据以 2003 年为基期进行了价格平减。

第三节 估计方法

考虑到自然宜居因素为自然禀赋因素，受人类活动影响的程度较小，且国内外的文献中普遍将“自然宜居因素”作为人类活动的外生变量，本书在单独加入自然宜居环境因素的回归模型中采用最小线性二乘法估计（OLS）。但不同于其他自然环境质量因素，空气污染程度作为自变量指标存在可能的内生性问题，例如，空气污染与地区制造业活动密切（Zheng and Kahn，2013），而地区的制造业和创新活动存在需求上的关联。与此同时，中国不同地区之间的空气质量差异较大，如我国的西北地区空气质量往往较好，而在我国的北方，尤其是依靠燃煤取暖的地区，空气污染程度严重，地区之间空气质量的巨大差异使其成为判断地区之间宜居程度的关键指标。基于空气质量因素的特殊性，本书在下一章异质性分析中将对空气质量因素对创新增长的影响进行单独分析。除了空气质量因素，本书假定其他城市便利因素也均为内生变量。模型的内生性问题根源一般有三个方面：第一，遗漏变量；第二，反向因果关联；第三，测度误差。针对以上三方面原因导致的内生性问题，本书采取了不同的处理办法，具体如下：

首先，遗漏变量导致的内生性问题可具体表现为存在共同的地区供给或者需求冲击，既影响地区的城市便利供给，又影响创新，或者存在劳动者的自我选择偏误问题，如受教育程度高的群体选择在宜居程度好的地区工作（Graves and Mueser，1993；Brueckner，Thisse and Zenou，1999）。针对可能的选择偏误问题，本书采用固定效应模型，将城市固定的和随时间变化的趋势因素都包括在城市固定效应和时间固定效应中，以使得那些不可观测的以及选择性偏差因素能够在固定效应中得到体现。其次，针对出现共同的需求冲击问题，本书引入了工具变量法，包括传统的工具变量法和匹配工具变量法，具体方法介绍将在后文展开说明。

其次，反向因果关联导致的内生性问题表现为，城市便利条件促进了创新发展，而创新的集聚促进更多城市便利的供给，如餐馆，商店和文化消费等（Kahn and Zheng，2016）。针对这一问题，本书首先采用理论分析建立理论基础，其次在实证模型设定上假定创新是过去创新投入的回报，将所有的解释变量滞后一期引入，滞后解释变量一期可能不能完全解决内生性问题，在稳健性检验中本书将运用横截面数据，采用所有解释变量的2003年的初始值来解释2014年的创新产出，基于截面数据得出的实证结果与基于面板得出的数据结论基本一致，考虑到采用横截面数据将失去较多观察值，损失了研究结果一定的可靠性，故本书将以面板数据模型结果作为基准模型结果进行分析。

最后，针对测度误差导致的内生性问题，本书将采用单宜居因素分析和综合宜居指数分析，并对变量的测度标准进行变换。

总体上，处理内生性问题的方法有两条主线：第一是自然实验的方法，该方法的思路是排除实验变量和实验结果可能的因果关联关系，在尽可能控制其他特征不变的基础上，改变实验变量，观察实验结果变化，并将实验结果的变化归因于实验变量的改变，在计量经济学中，双重差分方法（Difference－in－Difference），倾向得分匹配法（propensity score matching，PSM）和断点回归方法（regression discontinuity method）均借鉴了自然实验方法的思路。

处理内生性问题的第二条研究方法主线是寻找工具变量。工具变量的核心思想也是寻找对照组，即该变量仅仅与实验变量相关，而与影响实验结果或者经济现象的其他控制变量无关，这样通过观察工具变量的变化以及最终实验结果的变化便可以推断出研究变量对被解释变量的影响，由于工具变量必须与实验模型的误差项无关，因此研究中往往通过额外的数据来构建符合要求的工具变量。总体而言，两种处理内生性问题的基本思路是控制变量法。两种思路中，由于自然实验在进行实验之前目的明确，且对数据的质量要求很高，而本书研究数据基于历史数据，与理想的实验样本数据要求差别较大，基于自然实验的研究思路较不可行，第二种思路中获得满足要求的工具变量也存在一定难度，且对工具变量的质量要求较高，本书除了采用内生变量过去值作为工具变量的传统做法，还借鉴了前沿的帕特里奇、里克曼和奥尔弗特等（Partridge，Rickman and Olfert et al.，2016）的匹配工具变量方法来回归模型，并以该结果作为基准回归结果进行分析。该方法的思想类似于“倾向得分匹配方法”和“工具变量法”的结合，由于模型对“工具变量”的选择具有严格要求，现实中往往难以获得符合各方面要求的且数据可得的工具变量，而运用“匹配工具变量法”则使得获得“符合要求”的工具变量更为容易，且操作上简便可行，自该方法提出以来，其在区域经济学前沿研究中也得到较多应用（Pérez，2017）。利用该方法构建“工具变量”的具体的做法是：首先以影响城市便利宜居性因素的需求变量为匹配的协变量组，运用匹配方法为每个城市找出城市便利需求相似的两个城市，其次将每个城市其对应匹配城市的宜居性变量作为该城市便利因素的工具变量（Matchiv1，Matchiv2）。

本书运用匹配工具变量的具体实施步骤为：第一步选择匹配变量组，本书考虑的四个可能影响城市便利需求的变量，分别为地区人均 GDP 水平，平均受教育年限，人口规模和集聚经济。第二步是根据匹配的协变量组和运用马氏距离匹配方法（Mahalanobis Distance Approach）找出距离最为相近的城市作为匹配最佳城市，其中依据设定的不同，匹配城市可以有多个，为了容易进行模型过度识别检验，本书选择的匹配城市为两个。匹配的过程如下：

$$MD = (xi - xj)'C - 1(xi - xj)$$

其中，xi 是匹配协变量的矩，C 是预测得出的协变量矩阵，包括上述提到的四个协变量。此外，本书给匹配过程加入了一些限制，包括限定匹配城市的中心距离[①]至少为 200 千米、匹配中沿海城市只能与沿海城市匹配，内陆城市只能与内陆城市匹配。加入匹配限制是为了匹配后的变量能够更加符合工具变量的特点，如加入距离限定可减少由于溢出效应带来的偏差，例如，周围地区的需求冲击可能影响到当地的宜居性因素供给，选择 200 千米的城市中心地理距离限制则基于空间联系的距离衰减定律，本书研究中平均一个省份内两个城市的最长距离约为 200 千米，加入该限制表明至少是跨省的城市匹配。为了检验匹配过程中不同的匹配标准导致的工具变量的差异进而实证结果的差异，在实证中本书将改变匹配标准来得出匹配城市以及运用不同的估计方法来检验该研究方法下回归结果的稳健性。

第三步，引入构建的工具变量和运用两阶段最小二乘法（2SLS）估计模型。为了控制城市异质性对回归结果产生的影响，本书将以时间和城市固定效应模型为基准模型，在包括不随时间变化的宜居因素时，如是否沿海的地理特征，是否是省会城市以及地区高质量大学的数量等，本书将采用随机效应模型分析。

---

① 本书提及的距离均为地球半径距离（radical geographical distance）。

第四节 相关性分析

基于已有的变量数据，本小节将从自然宜居指数和城市便利环境指数与专利强度的拟合关系图来揭示宜居环境因素与区域创新的相关性。其中图5－1～图5－4展示了自然宜居指数1、自然宜居指数2、城市便利指数1、城市便利指数2与地区专利强度的拟合关系。

从相关性分析拟合曲线上看，无论是地区的自然环境宜居指数还是城市便利环境宜居指数，其与地区专利强度均存在显著为正的关系。从拟合线斜率大小来看，城市便利环境指数与专利强度的相关性高于自然环境宜居指数与专利强度的相关性，表明区域创新与地区城市便利水平联系更为紧密。从拟合图散点的分布来看，城市便利宜居程度分布较为连续和集中，而自然环境宜居指数区间化特征明显，表明不同城市间的自然宜居程度差别较大，而城市便利程度的差别相对较小。由此，相关性分析揭示出宜居环境因素与创新存在一定的关联性，下一部分将进一步实证分析各宜居环境因素对区域创新的影响。

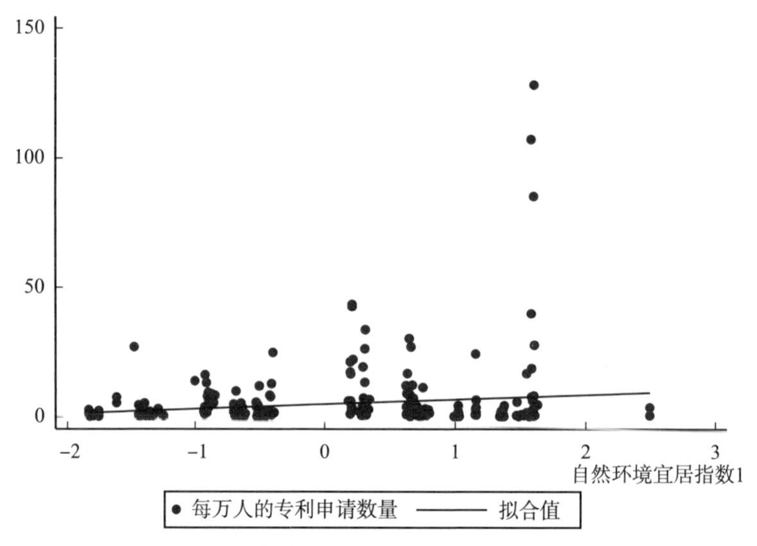

图5－1　自然宜居指数1与专利强度拟合图

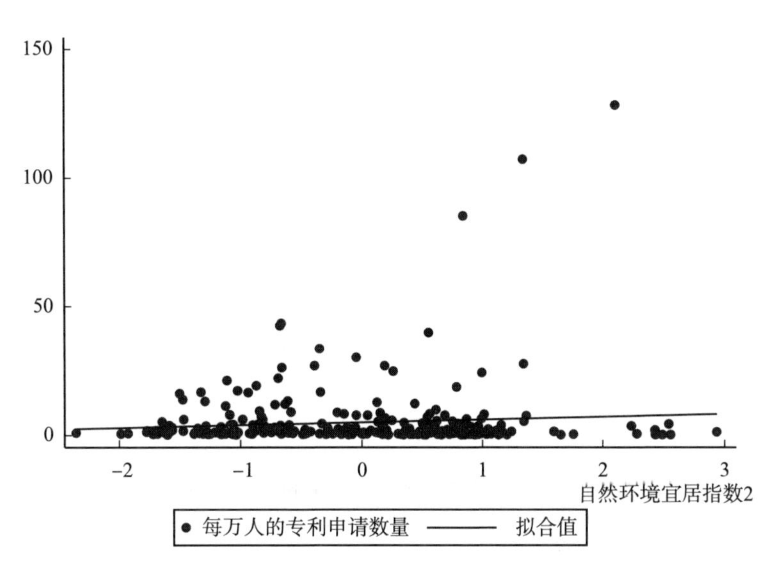

图5－2　自然宜居指数2与专利强度拟合图

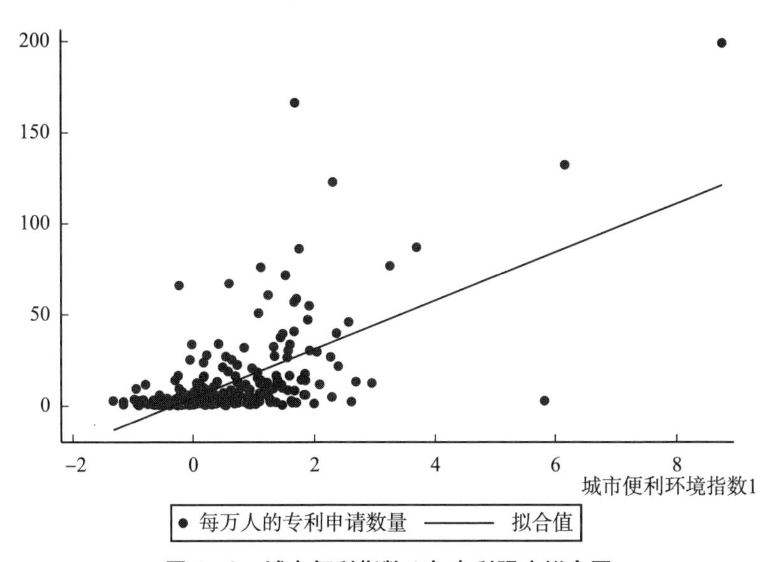

图5－3　城市便利指数1与专利强度拟合图

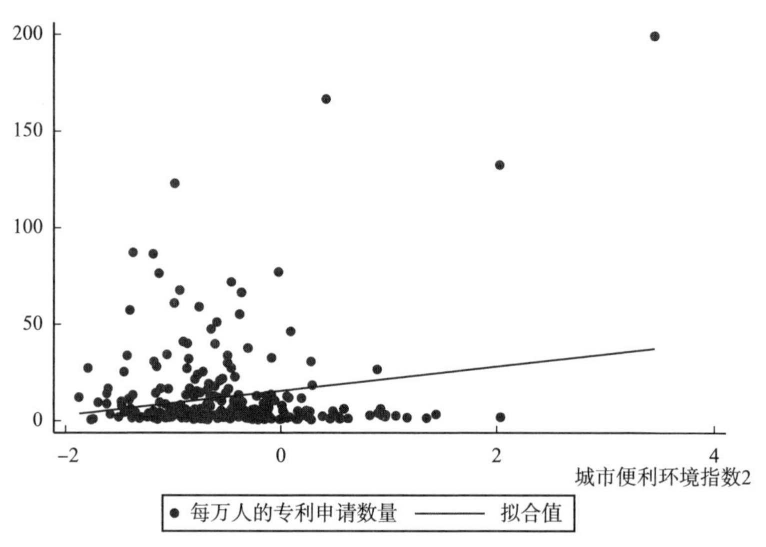

图 5－4　城市便利指数 2 与专利强度拟合图

第五节　实证结果及分析

为了从整体上解释宜居环境因素的影响，本书首先汇报了以自然宜居综合指数和城市便利综合指数为解释变量的回归结果，其中具体回归时，对包括了自然宜居指数的模型采用 OLS 的回归方法，对包括了城市便利指数则运用匹配工具变量法，基准模型回归结果见表 5－6 所示。

表 5－6　　宜居环境指数对创新的影响

项目	(1)	(2)	(3)	(4)	(5)	(6)
回归方法	OLS	OLS	OLS	OLS	匹配工具变量法，2SLS	匹配工具变量法，2SLS
自然宜居指数 1		0.747** (2.102)		0.796** (2.239)		
自然宜居指数 2			1.117*** (2.651)	1.164*** (2.760)		

续表

项目	(1)	(2)	(3)	(4)	(5)	(6)
城市便利指数1					48.725*** (2.744)	
城市便利指数2						5.131** (2.299)
研发投入	1.167*** (2.987)	0.703*** (2.588)	0.695** (2.562)	0.730*** (2.689)	1.030 (1.436)	0.316 (0.687)
人力资本	2.507*** (13.007)	1.980*** (9.249)	1.987*** (9.295)	1.966*** (9.198)	0.735 (1.054)	2.083*** (9.305)
集聚经济	0.013*** (3.255)	0.015*** (4.028)	0.016*** (4.221)	0.015*** (4.045)	0.113*** (3.327)	0.027*** (6.125)
产业结构	0.086*** (2.710)	0.098*** (3.171)	0.106*** (3.444)	0.099*** (3.201)	0.044 (0.676)	0.055 (1.314)
人口规模	-0.017* (-1.788)	-0.047*** (-4.172)	-0.048*** (-4.282)	-0.045*** (-4.066)	-0.040** (-2.052)	-0.016* (-1.814)
经济水平	1.773*** (12.835)	0.956*** (3.705)	0.968*** (3.753)	0.976*** (3.787)	1.215*** (3.138)	1.987*** (14.827)
常数	-11.497*** (-2.676)	1.896 (0.516)	1.752 (0.478)	1.179 (0.321)		
城市固定效应	是	是	是	是	是	是
时间固定效应	是	是	是	是	是	是
N	3065	2221	2221	2221	3027	3027
R^2	0.357	0.241	0.242	0.244	0.260	0.404
F	90.380	43.688	43.933	41.424	27.573	103.172
Sargan test					[1.000]	[1.000]
Hausman test					[0.988]	[0.996]
First-stage F 值					165.83	505.99

注：圆括号内为回归系数的t统计值，方括号为对应检验的p统计值；***、**、*分别表示估计系数在1%、5%、10%的水平上显著。First-stage F值为排除了工具变量以后的模型F统计值。

首先，从模型检验来看，运用匹配工具变量法后，模型过度识别检验和第一阶段F检验结果支持模型不存在过度识别问题以及工具变量有效的假设，说明匹配工具变量法是分析本书研究问题的有效方法。此外，相比之下，从第一阶段 F 值大小判断，城市便利综合指数 2 对应的工具变量比城市便利综合指数 1 对应的工具变量更为有效。

其次，从回归结果可知，宜居环境的两个方面，自然宜居和城市便利宜居的回归系数均显著为正，表明宜居环境有利于创新增长，这一结果与预期相符。地区的自然环境宜居水平一般是自然界先天给定的，并在很长的时期内保持不变，而城市便利则是城市在发展过程中逐渐发展起来的，在城市发展的不同阶段差异较大。过去探究创新的动力机制有研究绝大部分围绕着人力资本，研发投入，集聚经济和外溢效应展开，本书实证结果表明，地区的宜居环境也是区域创新发展的重要环境变量。在其他条件相同的情况下，提高地区的宜居程度，区域创新发展更快。由此，该结果说明理论分析的研究推论 1 和研究推论 2 成立。

再次，控制变量中研发投入和人力资本的系数显著为正的结果支持创新的内生增长理论，即区域科技进步和创新增长是研发投入和人力资本投入的结果，地区高的研发投入和人力资本水平是产生知识溢出，产生新知识新思想的重要条件。另外，结构类因素如集聚经济，经济水平和制造业比重也均显著为正，其中集聚经济在所有的回归方程中均显著为正，表明集聚环境有利于产出新知识，形成创新。地区经济水平和制造业也有利于促进创新发展，这是由于经济条件为创新经济发展提供了物质基础，而创新产业可能与制造业产生协同集聚，甚至许多专利创新直接从制造业生产活动中产生。此外，一个地区整体的经济发展水平是地区实体资本和人力资本禀赋丰裕度的反映，经济水平越高的地区基础设施越完善，体制更健全，人们更容易接受新思想，最重要的是有财力支持地区实现创新。创新发展除了受社会制度和文化环境影响，其发展也需要以一定的经济发展水平为前提。相比之下，地区市场规模，即人口规模与专利创新存在显著为负的相关关系，可能的原因在于市场规模大的地区对发展不利的拥挤效应主导了对发展有利的市场需求效应。这一结果同时也表明相比城市人口规模，城市人口密度对创新的正向影响更大。

最后，从控制变量的影响来看，基于匹配工具变量法的回归结果中，研发投入和制造业比重的影响不再显著，而其他控制变量的实证结果则与基于 OLS 法回归的结果一致。研发投入与制造业比重变得不显著的一个可能原因是城市便利设施与研发投入以及制造业的活动高度相关，当加入了城市便利设施因素以后，研发投入以及产业结构的影响被城市便利条件的影响所主导，这一可能性若成立将间接说明城市便利水平对创新影响十分显著。

为了揭示单个宜居环境因素对创新的影响，表5－7进一步汇报了单宜居因素的回归结果，其中表5－7中加入的宜居因素均为自然宜居因素，其中第（1）~（6）列汇报了单独加入一个因素的结果，第（7）则汇报了所有因素均加入的结果对应模型的估计方法均为OLS。

表5－7　　单个自然环境特征因素对创新影响的OLS结果

项目	（1）	（2）	（3）	（4）	（5）	（6）	（7）
温度宜居指数	22.648 （0.744）						22.242 （0.932）
空气污染		－0.115*** （－3.341）					－0.115*** （－3.272）
日照			0.123 （0.143）				－0.405 （－0.510）
降雨				0.030 （1.250）			0.016 （0.963）
湿度					0.031 （0.712）		0.043 （1.063）
绿地面积						0.017 （1.475）	0.012 （1.573）
控制变量	是	是	是	是	是	是	是
城市固定效应	是	是	是	是	是	是	是
时间固定效应	是	是	是	是	是	是	是
N	3048	2238	3065	3065	3065	3058	2215
R^2	0.357	0.244	0.357	0.358	0.357	0.357	0.247
F	89.801	44.694	90.373	90.514	90.417	89.886	32.942
p	0.000	0.000	0.000	0.000	0.000	0.000	0.000

注：圆括号内为回归系数的t统计值；***、**、*分别表示估计系数在1%、5%、10%的水平上显著。

单因素分开加入的回归结果中，只有空气污染物，即PM2.5含量在1%的水平上显著为负，其他自然环境质量因素均不显著。该结果说明，地区的空气质量因素与地区创新增长显著正相关，而其他气候因素如降雨量，阳光时数对创新的影响则不显著。这一结果说明进入21世纪以来，伴随着城市空气污染问题的加剧，地区的空气质量成为城市自然环境“宜居”程度的重要决定因素。第（7）列中所有自然宜居因素均加入模型的结果中，仍然只有空气质量的影响是显著的，其他的宜居变量均不显著，结合表5-6中自然宜居综合指数均显著为正的结果，本书得出在对地区创新产出的影响上，地区的自然宜居因素共同发挥作用的，这也是利用主成分分析构建综合指数的经济学含义体现，由此，今后在探究自然宜居环境对经济地理的影响以及揭示其“隐含价格”时，有必要从整体的自然宜居环境水平入手。

表5-6和表5-7的基准回归模型均使用了固定效应，由于是否沿海以及地区高质量大学属于地区不随时间变化的变量，故只能通过随机效应回归模型探究其影响。表5-8中单独探究是否沿海的地理特征以及地区高质量大学的结果表明，不随时间变化的地理特征和大学数量对创新增长无显著影响。基于随时间变化变量的Hausman检验拒绝原假设的结果，本书固定效应模型和随机效应模型选择固定效应的模型进行分析。

表5-8　　OLS随机效应结果

项目	（1）	（2）
沿海	1.914 （1.375）	
好大学数量		-1.103 （-0.462）
常数		-9.444*** （-6.949）
控制变量	是	是
城市固定效应	否	否
时间固定效应	否	否
N	3065	3065
R^2 overall	0.2190	0.3911

注：圆括号内为回归系数的t统计值；***、**、*分别表示估计系数在1%、5%、10%的水平上显著。

与包括了城市便利综合指数的回归方程相同，单独加入单个城市便利因素时，本书首先采用了运用匹配工具变量法的2SLS回归结果，回归结果如表5-9所示。首先，从工具变量的过度识别检验可知，只有第（1）、（5）、（9）列的回归结果通过了过度识别检验，并且对应的第一阶段回归结果F值较大，通过了显著性检验，说明对应的第（1）、（5）、（9）列回归中基于匹配工具变量法的结果非常可信。据此我们将首先分析可信的结果，其中第（1）列结果说明给定其他条件，增加地区的医疗资源可以显著促进地区创新产出；第（5）列和第（9）列的结果说明道路设施和小学总数量对地区创新发展无显著影响。

表5-9　单个城市便利因素对创新的影响，匹配变量法的2SLS回归结果

项目	(1)	(2)	(3)	(4)	(5)	(6)	(7)	(8)	(9)
人均床位数	9.522** (2.216)								
人均中学数		62.520*** (5.062)							
人均小学数			0.667 (0.567)						
旅游环境				8.285*** (2.816)					
道路面积					13.852 (0.603)				
公共交通						1.414** (2.379)			
总床位数							3.736*** (3.193)		
总中学数								4.727** (2.118)	
总小学数									-0.097 (-0.237)
控制变量	是	是	是	是	是	是	是	是	是
时间固定效应	是	是	是	是	是	是	是	是	是
N	3050	3055	3059	3064	3052	3046	3050	3055	3059

续表

项目	(1)	(2)	(3)	(4)	(5)	(6)	(7)	(8)	(9)
R^2	0.286	0.364	0.363	0.533	0.431	0.234	0.368	0.372	0.353
F	4.062	92.746	91.104	38.357	2.460	75.662	91.804	92.694	89.663
Sargan(p)	0.609	0.036	0.039	0.087	0.596	0.022	0.000	0.034	0.153
Hausman test	[0.997]	[0.976]	[1.000]	[0.976]	[1.000]	[1.000]	[1.000]	[0.999]	[1.000]
First-stage F 值	509.64	403.87	344.99	7.15	21.79	11.27	648.47	236.23	216.57

注：圆括号内为回归系数的 t 统计值，方括号为对应检验的 p 统计值；***、**、* 分别表示估计系数在 1%、5%、10% 的水平上显著。First-stage F 值为排除了工具变量以后的模型 F 统计值。

虽然除第（1）、（5）、（9）列以外的结果未能通过过度识别检验，但可以作为结果参考。例如，无论是总量还是人均量的中小学学校数，其对专利强度的影响都在 1% 的水平上显著，说明教育资源对专利创新发展存在重要支持作用，教育资源的重要性背后隐含的可能是高技能高收入的家庭对孩子教育质量的重视，尤其是中国改革开放以来，无论是中小学基础教育还是高等教育均受到了家庭和社会的普遍重视，地区的优质丰富的教育资源对吸引有子女的高技能人才尤其重要。同理，随着生活质量的提升，高技能工人对其个人及家人的健康状况也格外关注，地区良好的医疗保健资源也是吸引人口尤其是高技能工人的重要方面。地区的旅游特色景点对促进创新也发挥了显著作用。旅游资源对创新发展的重要性反映了当前中国人口对美的追求。此外，公共交通条件的影响也显著为正，但包括了旅游资源或公共交通环境的第一阶段结果 F 值较小，表明模型整体的拟合优度不高，基于此，后续将采用 OLS 方法来检验其对专利产出的影响是否显著。对于引入工具变量法的部分检验结果不通过的事实，本书推测一个原因为模型设定偏误，另一个可能是一些城市便利因素的确对创新无显著影响。即使如此，和自然宜居环境一样，城市便利环境对创新的影响可能并不是通过单一因素展现，更多是各因素联合发生作用的结果。

本节的基准实证结果表明，地区综合的自然宜居程度和城市便利水平对区域创新发展的影响均显著为正。而单因素分析中，假定自然宜居因素为外生变量而城市便利因素为外生变量的回归结果表明，只有地区的空气质量因素以及城市便利的人均医疗资源对创新的影响显著。此外，地区不随时间变化的是否沿海的城市特征以及地区高质量大学数量对区域创新无显著影响。以上基准回归结果总体上说明宜居环境因素通过联合作用对创新的增长产生影响，其中以地区空气质量，人均医疗资源的影响最为突出。此外，引入了工具变量的回归结果中，一些检验结果表明匹配工具变量法在一些单便利因素回归模型中不适用，对应的回归结果不可靠及参考意义不大，基于此，接下来的实证分析将引入不同的回归方法对城市便利单因素的影响进行深入探究。

第六节　稳健性检验结果及分析

本小节将通过变换回归方法，变量选择，和模型设定来检验基准回归结果的稳健性。具体稳健性检验的内容有：（1）更换匹配工具变量法的匹配标准；（2）采用不同的模型估计方法；（3）在所有包含城市便利指数的模型中加入自然宜居指数作为控制变量；（4）剔除异常值的回归结果分析；（5）基于空间计量模型的回归分析。以下将逐一展开分析。

稳健性检验（1）：更换匹配工具变量法的匹配标准。

匹配工具变量法是本书解决城市便利设施潜在内生性的主要方法。工具变量需要满足的两大条件为：第一，和内生变量高度相关，第二，和其他变量以及模型误差项不相关。匹配工具变量法中的匹配结果与事实相符的程度将极大影响工具变量的可靠性。由于匹配标准对于寻找最优匹配城市进而决定工具变量至关重要，本书将首先基于不同匹配标准得出的工具变量回归结果来检验模型的稳健性。本书基准模型选择工具变量的匹配变量为研究样本初期，即2003年的数据，考虑到误差项可能存在滞后效应并进一步导致工具变量不满足第二个假设，本书采用同样变量更早期的数据，即2000年数据进行匹配，以降低由于滞后效应带来的内生性问题和提高运用工具变量的有效性。于是，基于2000年的经济发展水平，人力资本水平，集聚经济程度和人口规模数据来重新匹配城市和构建工具变量。除了匹配变量的数据年份不同，其他的匹配限定条件仍然保留。基于新的匹配结果的2SLS回归结果如表5-10中第（1）~（2）列所示。

另外，匹配协变量也会影响工具变量结果。匹配协变量的选择目标是影响地区城市便利设施需求的因素。地区的集聚经济程度与地区的经济发达程度可能高度相关，进一步的匹配协变量组将集聚经济变量替换为地区的年龄结构变量，具体年龄结构变量采用了区域主要劳动力的比重，即地区 25 ~ 49 岁人口比重，新的协变量数据也均为 2000 年数据，其他的匹配标准仍然保留，基于新的匹配协变量进行匹配获得工具变量的回归结果如表 5 - 10 中第（3）和（4）列所示。

表 5 - 10 中第（1）~（4）列基于新的匹配工具变量回归结果表明城市便利综合指数对创新的影响显著为正，且对应的第一阶段回归结果的 F 值显著，模型过度识别检验 Sargan 值则不显著，说明更换匹配标准后工具变量法仍然适用于本书研究问题。总体上，所有考虑到的变量约可以解释地区创新产出约 40% 的变化。

表 5 - 10　　稳健性检验结果 - 更换匹配标准和回归方法

项目	(1)	(2)	(3)	(4)	(5)	(6)	(7)
工具变量	Iv3	Iv4	Iv5	Iv6			
回归方法	2SLS	2SLS	2SLS	2SLS	OLS	OLS	OLS
城市便利指数 1	63.813** (2.167)		4.000 (0.128)		3.072*** (5.800)		2.101*** (3.963)
城市便利指数 2		5.002*** (3.338)		14.654*** (3.762)		3.908*** (10.639)	3.630*** (9.732)
控制变量	是	是	是	是	是	是	是
城市固定效应	是	是	是	是	是	是	是
时间固定效应	是	是	是	是	是	是	是
N	2797	2797	2789	2789	3046	3046	3046
R^2	0.411	0.405	0.390	0.265	0.393	0.410	0.414
F	16.370	95.678	92.632	77.699	104.773	112.395	107.592
Sargan(p)	0.966	0.505	0.203	0.100			

续表

项目	(1)	(2)	(3)	(4)	(5)	(6)	(7)
Hausman test	[0.998]	[0.621]	[0.757]	[0.840]			
First-stage F 值	150.23	645.85	110.63	402.38			

注：圆括号内为回归系数的t统计值，方括号为对应检验的p统计值；***、**、*分别表示估计系数在1%、5%、10%的水平上显著。First-stage F值为第一阶段回归排除了工具变量以后的模型F统计值。

稳健性检验（2）：采用不同的模型估计方法。

包括了城市便利因素的基准回归结果中均引入了工具变量和采用了2SLS的估计方法，而Hausman检验结果表明，运用2SLS的模型回归方法与OLS的模型回归方法结果差异性并不大，由此，倘若城市便利综合指数无内生性问题或者潜在内生性问题带来的偏差较小，OLS结果将比2SLS结果更为精确。为检验模型估计方法对研究结果的影响，表5-10第（5）~（7）列汇报了OLS回归结果供对比分析。

OLS结果中两个城市便利因素综合指数的系数均显著为正，表明当假定城市便利特征是外生变量时，宜居环境仍然显著促进创新增长。综上，无论城市宜居环境作为潜在的内生变量引入模型还是外生变量引入模型，地区综合的城市便利水平均显著支持和促进创新发展。

稳健性检验（3）：在所有包含城市便利指数的模型中加入自然宜居指数作为控制变量。

在基准回归结果中，城市便利指数1和城市便利指数2，以及自然宜居指数1和自然宜居指数2分别单独加入到模型中，考虑到自然因素的外生性，以下将在所有包含城市便利指数的模型中将自然宜居因素引入作为控制变量，具体，在基准结果表5-6中所有的回归模型中加入自然宜居指数作为控制变量时，基于匹配工具变量法的2SLS的新结果如表5-11所示。其中第（1）列和（2）列采用的是基准回归模型中的工具变量，第（3）~（4）列是选择以2000年的协变量数据进行匹配的工具变量回归结果，第（5）~（6）列是基于2000年不同的协变量进行匹配工具变量的2SLS结果。

表 5 - 11　　稳健性检验结果 - 加入自然宜居指数作为控制变量

项目	(1)	(2)	(3)	(4)	(5)	(6)
城市便利指数 1	-6.108 (-0.554)		29.424 (1.466)		-15.244 (-0.580)	
城市便利指数 2		6.958*** (3.305)		5.047*** (3.833)		6.202** (2.422)
自然宜居指数 1	0.892* (1.899)	-0.156 (-0.365)	-0.278 (-0.309)	0.077 (0.201)	1.155 (1.229)	-0.045 (-0.096)
自然宜居指数 2	1.026* (1.726)	1.280*** (3.001)	-0.114 (-0.114)	1.252*** (2.993)	1.385 (1.365)	1.339*** (2.947)
控制变量	是	是	是	是	是	是
时间固定效应	是	是	是	是	是	是
N	2198	2198	2032	2032	2026	2026
R^2	0.173	0.221	0.331	0.290	0.257	0.269
F	40.108	43.266	13.541	44.962	24.844	43.052
Sargan(p)	0.000	0.009	0.999	0.230	0.379	0.001
Hausman test	[1.000]	[0.996]	[1.000]	[0.886]	[1.000]	[0.969]
First-stage F 值	14.13	167.21	20.76	247.8	6.25	139.88

注：圆括号内为回归系数的 t 统计值，方括号为对应检验的 p 统计值；***、**、* 分别表示估计系数在 1%、5%、10% 的水平上显著。First-stage F 值为第一阶段回归排除了工具变量以后的模型 F 统计值。

结果中，加入城市便利指数 2 时，自然宜居环境指数 2 和城市便利综合指数 2 均在 1% 的水平上显著。基于不同的工具变量的结果存在一定程度上的差别，例如，观察 Sargan 检验的 p 值以及第一阶段 F 值的检验值可知，当运用 2000 年的 iv3 和 iv4 作为工具变量匹配时，表 5 - 11 第（4）列的结果工具变量第一阶段模型最显著，其对应的实证结果可信度也更高。虽然加入自然宜居指数和不加入自然宜居指数存在差别，但有关宜居指数对创新影响的结果均支持主要结论，即地区宜居环境水平对创新有显著为正的影响。此外，对比不同的结果可以发现，地区的创新发展与自然环境和城市便利对应的第二个综合指数更为相关。进一步运用同样的工具变量匹配方法（iv3，iv4）来分析单个城市便利因素对区域创新的影响，得到回归结果如表 5 - 12 所示。

表 5－12　　稳健性检验结果－更换匹配标准，单因素

项目	(1)	(2)	(3)	(4)	(5)	(6)	(7)	(8)	(9)
人均床位数	－10.459 (－0.618)								
人均中学数		65.730*** (4.473)							
人均小学数			2.576*** (2.771)						
旅游环境				3.898*** (6.721)					
道路面积					1.138 (1.118)				
公共交通						3.894** (2.264)			
总床位数							3.161*** (3.017)		
总中学数								0.628 (0.213)	
总小学数									0.130 (0.462)
控制变量	是	是	是	是	是	是	是	是	是
时间固定效应	是	是	是	是	是	是	是	是	是
N	2822	2825	2829	2833	2816	2819	2822	2825	2829
R^2	－18.943	0.375	0.359	0.180	0.195	－0.860	0.371	0.367	0.365
F	2.728	88.252	85.253	69.032	71.173	29.420	86.255	85.921	85.682
Sargan(p)	0.693	0.443	0.957	0.000	0.036	0.897	0.000	0.145	0.300
Hausman test	[1.000]	[0.640]	[0.840]	[0.000]	[0.945]	[0.992]	[0.892]	[0.593]	[0.865]
First-stage F 值	451.96	405.96	440.04	151.71	35.8	4.31	840.64	170.25	332.43

注：圆括号内为回归系数的 t 统计值，方括号为对应检验的 p 统计值；***、**、* 分别表示估计系数在 1%、5%、10% 的水平上显著。First-stage F 值为第一阶段回归排除了工具变量以后的模型 F 统计值。

表5－12中第（1）、（2）、（3）、（7）、（8）和（9）列的模型通过了显著性和模型过度识别检验，该结果说明匹配工具变量法适用于包括城市便利因素的模型，与此同时，以上匹配工具变量法适用的模型结果中对应的宜居环境系数均显著，表明人均教育资源和医疗资源总量是促进专利创新的地区宜居因素。虽然第（4）、（5）和（6）列包含旅游资源，道路面积以及公共交通服务的检验结果未通过，但其对应回归结果表明旅游资源以及公共交通服务增加有利于支持和促进地区专利创新发展。具体未通过检验的第（4）、（5）和（6）列模型中宜居因素对创新的影响分析，本书将在OLS结果中进行重点讨论。此外，运用2000年的另外的匹配标准得出的工具变量（iv5，iv6）回归结果也支持教育和医疗资源的重要（限于篇幅，结果未汇报）。

进一步运用OLS方法估计包含单因素城市便利因素的回归结果如表5－13所示。有意思的结果是，当假定本书涉及的城市便利变量均为外生变量时，所有的单因素宜居变量均在1%的水平上显著。具体，除了教育资源和医疗资源变量对创新显著为正的影响，第（4）~（6）列中地区的旅游资源和公共交通服务变量系数也均显著为正，而人均道路面积系数则显著为负，表明人均道路面积越小的地区专利创新产出越高。人均道路面积越小既可能是城市公共道路建设不足导致，也可能是地区人口规模较大所导致，考虑到中国的现实情况，本书认为后者的可能性更大，当城市的人均道路面积越小，地区的集聚效应更强，且集聚经济促进创新发展的正效应超过了人均道路面积小带来的拥挤负效应，创新发展更快。

表5－13中基于OLS估计得出的有关旅游环境，人均道路面积和公共交通服务的系数与运用工具变量法的结果一致，说明地区的旅游资源和公共交通服务是影响地区创新增长的显著宜居因素。从而开发旅游资源，优化公共设施和增加公共服务的提高城市便利水平的举措均有利于发展创新。

表5－13　　城市便利因素对创新的影响，OLS双向固定效应

项目	(1)	(2)	(3)	(4)	(5)	(6)	(7)	(8)	(9)
人均床位数	0.288*** (7.929)								
人均中学数		32.588*** (12.995)							

续表

项目	(1)	(2)	(3)	(4)	(5)	(6)	(7)	(8)	(9)
人均小学数			1.021 *** (5.424)						
旅游环境				0.219 * (1.680)					
道路面积					-0.082 * (-1.948)				
公共交通						0.239 *** (4.815)			
总床位数							3.879 *** (7.050)		
总中学数								4.412 *** (7.875)	
总小学数									0.215 *** (4.027)
控制变量	是	是	是	是	是	是	是	是	是
城市效应	是	是	是	是	是	是	是	是	是
时间效应	是	是	是	是	是	是	是	是	是
N	3061	3062	3063	3065	3057	3056	3061	3062	3063
R^2	0.371	0.394	0.364	0.358	0.387	0.362	0.368	0.371	0.361
F	95.937	105.809	92.994	90.629	102.422	92.161	94.732	96.029	91.786
p	0.000	0.000	0.000	0.000	0.000	0.000	0.000	0.000	0.000

注：圆括号内为回归系数的 t 统计值，方括号为对应检验的 p 统计值；*** 、** 、* 分别表示估计系数在 1%、5%、10% 的水平上显著。

稳健性检验（4）：剔除异常值的回归结果分析。

在中国，专利创新强度高和低的城市不仅在创新投入方面存在较大差异，其区域创新环境，包括政策，文化和习俗等也各具特点。在一些极具特点的城市，其区域创新增长路径与其他城市可能不同。为了总结出一般的区域创新增长规律，本书进一步通过样本异常值剔除的方式来检验主要回归结果的稳健性。具体，本书将专利强度最高的十大城市和最低的城市（城市名称如表 5 – 14 所示）从样本中剔除，对余下的城市样本进行回归，结果如表 5 – 15

所示。

表 5－14　　2003 年专利创新强度最高和最低的十大城市列表

专利强度最高的十个城市			专利强度最低的十个城市		
城市序号	城市名称	专利强度	城市序号	城市名称	专利强度
190	深圳	57.2981	24	吕梁	0.0029
205	中山	24.5539	222	崇左	0.0132
204	东莞	21.7979	161	周口	0.0149
193	佛山	12.6511	281	固原	0.0160
110	厦门	11.7029	32	巴彦淖尔	0.0170
191	珠海	9.8878	220	河池	0.0184
68	上海	9.4040	219	贺州	0.0239
1	北京	8.2076	255	临沧	0.0277
188	广州	8.1951	265	商洛	0.0295
49	吉林	5.8017	33	乌兰察布	0.0296

表 5－15　　宜居环境综合指数对创新的影响：剔除异常值的样本

项目	(1)	(2)	(3)	(4)	(5)
城市便利指数 1				27.978 (1.568)	
城市便利指数 2					3.662*** (2.818)
自然宜居指数 1	0.339 (1.146)		0.362 (1.223)	−0.106 (−0.177)	−0.096 (−0.277)
自然宜居指数 2		0.469 (1.365)	0.492 (1.430)	−0.159 (−0.208)	0.856** (2.273)
控制变量	是	是	是	是	是
时间效应	是	是	是	是	是
N	2063	2063	2063	1952	1952
R^2	0.253	0.253	0.254	0.178	0.254
F	43.234	43.286	40.512	12.599	36.824

续表

项目	(1)	(2)	(3)	(4)	(5)
Sargan(p)				0.575	0.194
Hausman test				[1.000]	[0.993]
First-stage statistics				20.33	223.71

注：圆括号内为回归系数的t统计值，方括号为对应检验的p统计值；***、**、*分别表示估计系数在1%、5%、10%的水平上显著。First-stage F值为第一阶段回归排除了工具变量以后的模型F统计值。

剔除部分城市后的回归结果中，自然宜居综合指数2和城市便利综合指数2的系数均显著为正，而对应的两类宜居环境综合指数1的结果均不显著，说明自然宜居综合指数2更能代表地区的宜居程度。此外，结果表明地区的宜居环境对创新的显著影响对于绝大部分城市都是成立的，从而宜居环境因素是区域创新发展的动力因素之一的结论具有普适性。

对于剔除首尾十个城市的样本，本书进一步以单宜居因素作为解释变量对模型进行回归，相应的回归结果如表5-16和表5-17所示。单因素回归结果中，空气污染物的影响仍然显著为负，除气候变量中的湿度与专利强度也呈现负显著相关性以外，其他的结果包括所有单个城市便利因素对创新增长的影响均与基准结果保持一致。

表5-16　　单自然宜居因素对创新的影响：剔除异常值的样本

项目	(1)	(2)	(3)	(4)	(5)	(6)	(7)
回归方法	OLS	OLS	OLS	OLS	OLS	OLS	OLS
温度宜居指数	41.201 (1.431)						26.977 (1.317)
空气污染		-0.076*** (-2.676)					-0.077*** (-2.674)
日照			0.402 (0.509)				0.573 (0.869)
降雨				0.019 (0.867)			0.006 (0.429)

续表

项目	(1)	(2)	(3)	(4)	(5)	(6)	(7)
湿度					-0.075* (-1.899)		0.043 (1.309)
绿地面积						-0.002 (-0.150)	-0.001 (-0.141)
控制变量	是	是	是	是	是	是	是
时间固定效应	是	是	是	是	是	是	是
N	2833	2080	2850	2850	2850	2844	2058
R^2	0.319	0.255	0.319	0.319	0.320	0.317	0.257
F	70.356	44.173	70.747	70.790	71.036	70.058	32.361
p	0.000	0.000	0.000	0.000	0.000	0.000	0.000

注：圆括号内为回归系数的t统计值；***、**、*分别表示估计系数在1%、5%、10%的水平上显著。

表5-17　单城市便利因素对创新的影响：剔除异常值的样本

项目	(1)	(2)	(3)	(4)	(5)	(6)	(7)	(8)	(9)
回归方法	2SLS	2SLS	2SLS	2SLS	2SLS	2SLS	2SLS	2SLS	2SLS
人均床位数	-10.333 (-1.041)								
人均中学数		42.480*** (2.935)							
人均小学数			-1.079 (-0.816)						
旅游环境				4.110 (1.598)					
道路面积					-1.536 (-0.905)				
公共交通						4.014* (1.938)			
总床位数							3.698*** (3.267)		

续表

项目	(1)	(2)	(3)	(4)	(5)	(6)	(7)	(8)	(9)
总中学数								0.798 (0.362)	
总小学数									-0.262 (-0.655)
控制变量	是	是	是	是	是	是	是	是	是
时间固定效应	是	是	是	是	是	是	是	是	是
N	2837	2840	2844	2849	2845	2832	2837	2840	2844
R^2	-22.230	0.314	0.293	0.001	-0.002	-1.022	0.325	0.322	0.302
F	2.130	70.681	68.123	48.390	47.361	23.895	71.726	71.001	68.948
Sargan(p)	0.677	0.000	0.275	0.003	0.020	0.256	0.000	0.035	0.963
Hausman test	[1.000]	[0.999]	[1.000]	[1.000]	[1.000]	[1.000]	[1.000]	[1.000]	[1.000]
First-stage F statistics	329.45	260.58	284.66	3.75	8.11	3.61	543.55	174.67	189.32

注：圆括号内为回归系数的 t 统计值，方括号为对应检验的 p 统计值；*** 、** 、* 分别表示估计系数在 1% 、5% 、10% 的水平上显著。First-stage F 值为第一阶段回归排除了工具变量以后的模型 F 统计值。

稳健性检验（5）：基于空间计量模型的回归分析。

第三章典型性事实分析中得出区域创新存在显著的正空间相关性的结论，本书将在考虑到“空间”的异质性和空间相关性的基础上，引入空间计量经济学的方法探究宜居环境因素对创新产出的影响。不同于传统计量经济学，空间计量经济学主要致力于识别变量间的空间相互作用和空间结构模式（彭文斌，吴伟平和邝嫦娥，2014），将存在“分块”经济特点的地理单元扩展到空间“统一”的分析框架中，消除地区空间相关性带来的实证偏差，此外空间经济计量方法可以较好地识别空间因素并刻画区域间的互动机制。已有的面板数据空间计量研究应用最广泛的有空间杜宾模型（Spatial Durbin Model，SDM），空间自回归模型（Spatial Autoregressive Model，SAR），空间自相关模型（Spatial Autcorrelation Model，SAC）和空间误差模型（Spatial Error Model，SEM）。其中，空间杜宾模型既包含被解释变量的空间滞后项，也包含解释变量的空间滞后项。具体的模型可以表示为：

（1）空间杜宾模型（SDM）。

$$y_{it} = \tau y_{i,t-1} + \rho w_i' y_t + x_{it}' \beta + \theta_i' X_i \delta + u_i + \sigma_t + \varepsilon_{it} \tag{5.3}$$

其中，y_{it}为被解释变量，$y_{i,t-1}$为被解释变量的一阶滞后，$\rho w_i' y_t$ 是被解释变量的空间滞后，ρ 是空间相关系数，x_{it}'是 $n \times k$ 的外生解释变量矩阵，β 为解释变量的参数，$\theta_i' X_i \delta$ 是解释变量的空间滞后，u_i 和 σ_t 分别为城市和时间固定效应，ε_{it}是随机误差项向量。

（2）空间自回归模型（SAR）。

空间自回归模型（SAR）相比空间杜宾模型而言减少了解释变量的空间滞后项，模型表示为：

$$y_{it} = \tau y_{i,t-1} + \rho w_i' y_t + x_{it}' \beta + u_i + \sigma_t + \varepsilon_{it} \tag{5.4}$$

即仅引入被解释变量的空间滞后项。

（3）空间自相关模型（SAC）。

空间自相关模型（SAC）是引入被解释变量的滞后项以及误差项的滞后项，表示为：

$$y_{it} = \rho w_i' y_t + x_{it}' \beta + u_i + \sigma_t + \varepsilon_{it}$$
$$\varepsilon_{it} = \lambda m_i' \varepsilon_t + \nu_{it} \tag{5.5}$$

其中，$\lambda m_i' \varepsilon_t$ 为扰动性的空间滞后，λ 为 $n \times 1$ 的截面因变量向量的空间误差系数，衡量样本观察值的空间依赖程度，即相邻地区观察值对本地区观察值影响程度。ν_{it}为正态分布的随机误差向量。SAC 模型假定空间相关性通过被模型忽略的空间误差项传递，且误差项分布为一阶空间自回归分布。

（4）空间误差模型（SEM）。

SEM 的模型假设相比 SAC 模型进一步放松，其模型与普通计量模型相比仅仅引入误差项的滞后项时，表示为：

$$y_{it} = x_{it}' \beta + u_i + \sigma_t + \varepsilon_{it}$$
$$\varepsilon_{it} = \lambda m_i' \varepsilon_t + \nu_{it} \tag{5.6}$$

在空间计量模型中，空间权重矩阵的选择仍然采用第三章空间相关性检验涉及的三类矩阵：地理相邻空间矩阵 W1，距离倒数空间权重矩阵 W2 和距离二次方倒数空间权重矩阵 W3。

考虑到多种空间相关性的可能，本书将基准模型设定为空间杜宾模型，并进一步通过似然比（likelihood ratio test，LR）检验[①]来判断空间杜宾模型能否退化为其他三种模型。例如，通过检验假说 H0：$\theta=0$，可判断 SDM 模型是否可以退化为 SAR 模型；通过检验假说 H0：$\rho=-\theta\beta$，可判断 SDM 模型是否可以退化为 SAC 模型；通过检验假说 H0：$\rho=-\theta\beta$；$\rho=0$，可判断 SDM 模型是否可以退化为 SEM 模型。倘若检验结果接受原假设，说明相应的 SDM 模型可以退化，反之则说明相应的 SDM 模型是适用的模型。

由于空间滞后因变量和空间滞后误差变量的存在分别违背了传统计量模型中解释变量严格外生和残差扰动独立同分布的假设，因此上述两类模型均需借助 IV 或 MLE 方法进行估计。当实际分析中难以选择出“好”的 IV 时，则侧重 MLE。但是当空间权重矩阵的维数很大时，此时矩阵的特征值很难可靠地估计，MLE 方法可能存在问题（Kelejian and Prucha，1999）。针对这一问题，将采用蒙特卡洛模拟方法，具体处理可采用 LeSage 空间计量经济学 Matlab 工具包。由于空间模型不允许观测值为空值，对于样本的空缺值，本书采用空缺值前一期的数据来补足，倘若前一期的数据也空缺，则采用后一期来填补。

模型上，稳健性检验回归中选择先进行空间杜宾模型回归，再检验判断能够退化为其他三种模型，倘若能够退化为其他模型，则汇报其退化后的模型回归结果，倘若不支持模型退化为其他的模型，则汇报空间杜宾模型结果。具体使用的回归模型如下：

$$\begin{aligned}\mathrm{inno}_{i,t} = &\ \beta_0 + \rho\sum_{j=1}^{N} W_{ij}\mathrm{inno}_{i,t} + \beta_1 \mathrm{amenitiy}_{i,t-1} + \beta_2 X_{i,t} \\ &+ \beta_3\sum_{j=1}^{N} W_{ij}X_{i,t} + \mu_i + \tau_t + \varepsilon_{i,t}\end{aligned} \tag{5.7}$$

式（5.7）中引入了控制变量的空间滞后项 $W_{ij}X_{i,t}$，而没有引入宜居环境因素的空间滞后项，原因在于，宜居环境因素的影响具有当地化特点，即劳动者只能在当地获得由宜居环境因素带来的效用，故相应的模型将假定宜居环境因素不产生空间关联效应。

用地理相邻相关来刻画不同地理单元空间关系，表 5 - 18 给出了空间模

① LR 检验定义为：$LR=-2[LR-LU]$，其中，LR 和 LU 分别为约束模型（如本书提到的 SAR 或 SEM 模型）和无约束模型（如本书的 SDM 模型）的对数似然函数值（Loglike）。LR 检验统计量近似地服从自由度为约束数目的卡方分布。

型的回归结果。似然比 LR 检验结果表明，空间杜宾模型（SDA 模型）可以退化为空间自相关模型（SAC 模型），故最终均汇报了 SAC 模型回归结果。具体地，表 5 - 18 中第（1）~（3）列汇报了加入自然宜居环境指数的结果，第（4）~（6）列汇报了加入了城市宜居环境指数的结果。

表 5 - 18　　宜居环境指数对创新活动的影响：基于空间模型回归（W1）

模型	(1) SAC	(2) SAC	(3) SAC	(4) SAC	(5) SAC	(6) SAC	(7) SAC
空间滞后系数	0.771*** (34.147)	0.769*** (34.112)	0.767*** (33.584)	0.762*** (30.902)	0.765*** (36.353)	0.759*** (30.653)	0.762*** (36.333)
空间误差系数	-0.462*** (-8.622)	-0.460*** (-8.640)	-0.457*** (-8.508)	-0.432*** (-7.341)	-0.476*** (-9.559)	-0.430*** (-7.311)	-0.476*** (-9.650)
总效应							
自然宜居指数 1	0.836 (0.982)		1.027 (1.215)				
自然宜居指数 2		3.246*** (2.764)	3.280*** (2.973)			3.084*** (2.655)	3.552*** (3.137)
城市便利指数 1				2.340* (1.826)		2.084 (1.550)	
城市便利指数 2					8.516*** (8.792)		8.461*** (9.167)
研发投入	1.370*** (4.340)	1.380*** (4.545)	1.274*** (4.353)	1.455*** (4.647)	0.412 (1.493)	1.384*** (4.995)	0.337 (1.251)
人力资本	4.997*** (6.923)	5.091*** (7.080)	5.017*** (8.058)	4.832*** (6.890)	5.372*** (7.680)	4.878*** (8.730)	5.429*** (8.790)
集聚经济	0.059*** (4.091)	0.059*** (4.205)	0.057*** (4.198)	0.064*** (4.257)	0.053*** (4.139)	0.062*** (4.740)	0.052*** (4.161)
产业结构	0.101 (1.230)	0.136* (1.670)	0.122 (1.512)	0.110 (1.370)	0.007 (0.091)	0.132* (1.667)	0.033 (0.433)
人口规模	-0.170*** (-4.504)	-0.167*** (-4.523)	-0.161*** (-4.638)	-0.179*** (-4.614)	-0.106*** (-3.238)	-0.171*** (-5.283)	-0.099*** (-3.147)
经济水平	0.000 (0.297)	0.000 (0.281)	0.000 (0.307)	-0.000 (-0.251)	0.000*** (3.653)	-0.000 (-0.199)	0.000*** (3.527)
N	2264	2264	2264	2264	2264	2264	2264

续表

模型	(1) SAC	(2) SAC	(3) SAC	(4) SAC	(5) SAC	(6) SAC	(7) SAC
R^2	0.088	0.087	0.092	0.093	0.144	0.095	0.149
LR test (H_0：θ=0)（SDM 退化为 SAR 模型）	38.66 [0.000]	41.47 [0.000]	39.66 [0.000]	38.19 [0.000]	40.15 [0.000]	38.97 [0.000]	43.66 [0.000]
LR test（H0：ρ=−θβ)（SDM 退化为 SAC）	−7.51 [1.000]	−5.56 [1.000]	−6.03 [1.000]	6.09 [0.193]	−23.28 [1.000]	6.65 [0.156]	−21.62 [1.000]
LR test (H_0：ρ=−θβ；ρ=0)（SDM 退化为 SEM）	91.88 [0.000]	98.1 [0.000]	96.68 [0.000]	71.48 [0.000]	141.42 [0.000]	141.42 [0.000]	149.92 [0.000]

注：圆括号内为回归系数的 Z 统计值，方括号为对应检验的 p 统计值；***、**、*分别表示估计系数在1%、5%、10%的水平上显著。

回归结果中，空间滞后系数显著为正表明周围地区的空间创新产出对本地区的创新影响为正，周围地区创新增长有利于带动本地区创新增长，区域创新增长总体上存在正的空间溢出效应，这一结果与空间相关性检验的结果一致。形成对比的是，空间误差系数显著为负，表明周围地区对创新有利的正的市场冲击不利于该地区专利创新。这表明影响创新的因素中相邻地区之间存在着一定的竞争效应，创新冲击呈现此消彼长的关系。同样，观察宜居环境指数的显著性及符号可知，自然宜居环境和城市宜居环境仍然与地区专利创新显著正相关，且相比之下，两类环境指标的第二个指数影响更为显著。与此同时，空间计量模型下控制变量的系数及显著性与非空间计量模型下的结果保持一致。显著影响创新产出的因素有：地区的研发投入，人力资本，集聚经济和经济发展水平，产业结构有影响但影响相对较小。

空间计量模型结果一方面表明基准模型的结论稳健，另一方面证实了创新产出存在显著的正空间溢出效应。当改变空间权重矩阵时，表 5－19 和表 5－20 列出了新的空间模型回归结果，其中表 5－19 汇报了基于空间权重矩阵 W2 的空间模型回归结果，表 5－20 列出了基于空间权重矩阵 W3 的空间模型回归结果。

表 5－19　　宜居环境指数对创新活动的影响：基于空间模型回归（W2）

模型	(1) SAC	(2) SAC	(3) SAC	(4) SAC	(5) SAC	(6) SAC	(7) SAC
空间滞后系数	0.884 *** (22.997)	0.884 *** (23.040)	0.884 *** (22.916)	0.884 *** (23.019)	0.883 *** (22.807)	0.884 *** (22.954)	0.882 *** (22.770)
空间误差系数	0.909 *** (30.975)	0.908 *** (30.611)	0.908 *** (30.395)	0.913 *** (32.628)	0.866 *** (19.546)	0.912 *** (32.049)	0.862 *** (18.888)
总效应							
自然宜居指数 1	0.257 (0.714)		0.277 (0.771)				
自然宜居指数 2		0.787 ** (2.107)	0.795 ** (2.127)			0.730 * (1.955)	0.897 ** (2.439)
城市便利指数 1				0.982 *** (2.772)		0.942 *** (2.658)	
城市便利指数 2					2.504 *** (8.405)		2.530 *** (8.501)
控制变量	是	是	是	是	是	是	是
N	2264	2264	2264	2264	2264	2264	2264
R^2	0.125	0.126	0.129	0.141	0.134	0.143	0.135
LR test （H_0：θ＝0） （SDM 退化为 SAR 模型）	153.56 [0.000]	161.26 [0.000]	161.15 [0.000]	159.44 [0.000]	76.67 [0.000]	166.52 [0.000]	84.69 [0.000]
LR test （H0：ρ＝－θβ） （SDM 退化为 SAC）	－144.99 [1.000]	－136.34 [1.000]	－18.16 [1.000]	－30.18 [1.000]	－29.17 [1.000]	－19.06 [1.000]	－19.06 [1.000]
LR test（H0：ρ＝－θβ；ρ＝0） （SDM 退化为 SEM）	113.53 [0.000]	125.41 [0.000]	124.61 [0.000]	113.45 [0.000]	112.3 [0.000]	124.26 [0.000]	124.26 [0.000]

注：圆括号内为回归系数的 Z 统计值，方括号为对应检验的 p 统计值；***、**、* 分别表示估计系数在 1%、5%、10% 的水平上显著。

表 5-20　　宜居环境指数对创新活动的影响：基于空间模型回归（W3）

模型	(1) SDM	(2) SDM	(3) SDM	(4) SDM	(5) SAC	(6) SAC	(7) SAC
空间滞后系数	0.656*** (27.082)	0.649*** (26.559)	0.649*** (26.549)	0.656*** (27.097)	0.636*** (26.060)	0.649*** (26.590)	0.628*** (25.493)
空间误差系数					-0.397*** (-7.612)	0.877*** (43.821)	-0.395*** (-7.562)
总效应							
自然宜居指数 1	-0.230 (-0.264)		-0.087 (-0.102)				
自然宜居指数 2		2.878*** (2.908)	2.779*** (3.160)			0.462* (1.704)	4.203** (2.399)
城市便利指数 1				2.258** (2.301)		0.637*** (2.629)	
城市便利指数 2					14.373*** (6.517)		13.970*** (6.482)
控制变量	是	是	是	是	是	是	是
N	2264	2264	2264	2264	2264	2264	2264
R^2	0.123	0.125	0.125	0.130	0.131	0.102	0.135
LR test (H_0: θ=0) (SDM 退化为 SAR 模型)	68.22 [0.000]	71.87 [0.000]	71.03 [0.000]	71.24 [0.000]	37.46 [0.000]	73.95 [0.000]	41.89 [0.000]
LR test (H0: ρ=-θβ) (SDM 退化为 SAC)	40.42 [0.000]	44.42 [0.000]	44.32 [0.000]	40.58 [0.000]	-4.8 [1.000]	46.11 [1.000]	-0.16 [1.000]
LR test (H0: ρ=-θβ; ρ=0) (SDM 退化为 SEM)	77.89 [0.000]	83.6 [0.000]	82.88 [0.000]	73.6 [0.000]	96.34 [0.000]	78.57 [0.000]	103.42 [0.000]

注：圆括号内为回归系数的 Z 统计值，方括号为对应检验的 p 统计值；***、**、* 分别表示估计系数在 1%、5%、10% 的水平上显著。

其中，表 5-19 的结果中，LR 检验值支持 SAC 模型是引入宜居指数后最适用的模型。基于新的空间权重矩阵结果中，主要变量-即自然宜居指数

2 和城市便利指数 2 的系数方向及显著性均保持不变，唯一有变化的是系数的绝对值均有所提高，说明基于地理加权空间权重矩阵的空间联系假定时，地区之间创新产出的空间关联度更高，在空间关联更为紧密的情况下，地区综合宜居环境指数对创新的影响也有所提高。

进一步，表 5 – 20 中第（1）~（4）列检验结果不支持空间杜宾模型退化到任何模型，故分析基于的是空间杜宾模型，对比之下，第（5）~（7）列则检验结果支持 SDM 退化到 SAC 的回归结果，故分析基于 SAC 结果。与表 5 – 19 的结果类似，基于新的空间权重矩阵结果中，空间滞后变量系数显著为正，表明专利产出在空间上存在显著为正的空间滞后效应，即周围地区的专利产出增长显著带动本地区的专利产出增长，同时两类宜居环境指数均显著为正，控制变量的影响则与前面结果也保持一致。

值得提及的是，在空间杜宾模型下，控制变量的空间滞后变量也是显著的。进一步将总效应分解为直接效应和间接效应时发现，地区的研发投入、人力资本、集聚经济和地区经济发展水平不仅能够直接促进区域创新产出，还能通过空间误差项间接影响创新产出。这一结果表明，不仅创新产出自身存在空间溢出效应，其创新投入要素和创新结构要素也存在空间溢出效应，表现为周围地区的创新动力因素会对本地区的创新增长带来显著正效应。它意味着，不同于过去依赖物质资本和劳动力资本的投入实现的资源密集型产业和劳动密集型产业，以人的思想和知识为主要投入要素的创新存在更广泛的溢出效应。无疑空间上人口和知识流动越快，越有利于实现专利的创新。集聚经济，多样化经济以及宽松的社会政治文化环境都是创新实现的重要条件。随着我国社会文化环境的开放度增加以及户籍制度的放松，资本和劳动力在空间上的流动加速促进了创新产出更多的知识外溢。空间计量模型回归结果表明空间上地区间的创新溢出效应对创新的实现至关重要。

进一步运用空间计量模型探究单独的自然环境特征因素和城市便利因素对专利创新的影响。为了不重复结果，表 5 – 21 和表 5 – 22 仅仅列出了以地理距离二次方倒数（W3）作为空间权重矩阵的结果。相比综合宜居环境指数的结果，单宜居因素对创新的影响与基准模型一致，具体表现为，在自然环境质量因素中，仅有空气污染对创新的影响显著为负。而城市便利单因素中的回归结果则与基准模型存在一些差异，表现为除了旅游环境，其他城市便利单因素均显著，如公共医疗资源和教育资源，无论是人均量水平还是总量水平，都与地区专利创新强度显著正相关。此外，公共交通服务的影响显著为正，人均道路面积显著为负，该结果与 OLS 结果保持一致。最后，无论是单宜居因素结果还是综合宜居指数结果，空间滞后指数均在 1% 的水平上显著为正。总体上，对比空间模型结果和非空间模型结果，可以发现，考虑了空间相关性的模型后，主要的研究结论仍然稳健。虽然空间计量模型也有不足，例如，空间权重矩阵的设定相对主观等，但其研究结果丰富了本书的实证研究，并在一定程度上支持了基准模型回归的核心结论。

表 5－21　自然宜居环境单因素对创新活动的影响：基于空间模型回归（W3）

模型	(1) SDM	(2) SDM	(3) SDM	(4) SDM	(5) SDM	(6) SDM
空间滞后系数	0.690*** (37.278)	0.691*** (37.364)	0.691*** (37.343)	0.692*** (37.394)	0.691*** (37.354)	0.645*** (26.275)
温度宜居指数	0.388 (1.226)					
空气污染		0.002 (0.933)				
日照			0.000 (0.222)			
降雨				−0.159 (−1.304)		
湿度					0.000 (0.398)	
绿地面积						−0.272*** (−3.634)
控制变量	是	是	是	是	是	是
N	3113	3113	3113	3113	3113	2264
R^2	0.200	0.193	0.194	0.186	0.194	0.124
LR test（H_0：$\theta=0$） （SDM 退化为 SAR 模型）	117.06 [0.000]	128.41 [0.000]	127.52 [0.000]	129.00 [0.000]	127.87 [0.000]	69.60 [0.000]
LR test（H0：$\rho=-\theta\beta$） （SDM 退化为 SAC）	9.07 [0.060]	12.17 [0.016]	12.21 [0.016]	14.14 [0.007]	12.34 [0.015]	13.21 [0.000]

续表

模型	(1) SDM	(2) SDM	(3) SDM	(4) SDM	(5) SDM	(6) SDM
LR test(H0：ρ = −θβ；ρ = 0)(SDM 退化为 SEM)	12.23 [0.000]	16.25 [0.000]	13.85 [0.000]	12.28 [0.000]	14.07 [0.000]	83.50 [0.000]

注：圆括号内为回归系数的 Z 统计值，方括号为对应检验的 p 统计值；***、**、* 分别表示估计系数在 1%、5%、10% 的水平上显著。

表 5-22　城市宜居环境单因素对创新活动的影响：基于空间模型回归（W3）

模型	(1) SDM	(2) SDM	(3) SDM	(4) SDM	(5) SDM	(6) SDM	(7) SDM	(8) SDM	(9) SDM
空间滞后系数	0.698*** (38.145)	0.655*** (34.803)	0.676*** (35.918)	0.692*** (37.373)	0.690*** (37.348)	0.694*** (37.777)	0.695*** (37.815)	0.675*** (36.136)	0.680*** (36.313)
人均床位数	0.656*** (6.583)								
人均中学数		81.122*** (11.806)							
人均小学数			2.849*** (5.741)						
旅游环境				0.269 (0.725)					
道路面积					−0.613*** (−5.565)				
公共交通						0.841*** (5.627)			
总床位数							0.001*** (5.832)		
总中学数								0.128*** (7.715)	
总小学数									0.007*** (4.706)
控制变量	是	是	是	是	是	是	是	是	是
N	3113	3113	3113	3113	3113	3113	3113	3113	3113
R^2	0.185	0.297	0.215	0.197	0.172	0.208	0.174	0.243	0.218

续表

模型	(1) SDM	(2) SDM	(3) SDM	(4) SDM	(5) SDM	(6) SDM	(7) SDM	(8) SDM	(9) SDM
LR test（H_0：θ=0）（SDM 退化为 SAR 模型）	176.07 [0.000]	31.06 [0.000]	59.88 [0.000]	127.71 [0.000]	100.39 [0.000]	135.75 [0.000]	136.98 [0.000]	84.07 [0.000]	80.27 [0.000]
LR test（H0：ρ=−θβ）（SDM 退化为 SAC）	27.14 [0.000]	−4.03 [1.000]	−7.02 [1.000]	10.88 [0.028]	17.32 [0.002]	−3.26 [1.000]	3.61 [0.464]	14.46 [0.006]	2.46 [0.652]
LR test（H0：ρ=−θβ；ρ=0）（SDM 退化为 SEM）	97.60 [0.000]	32.63 [0.000]	11.07 [0.0500]	19.0 [0.000]	4.94 [0.000]	32.32 [0.000]	60.50 [0.000]	13.90 [0.0162]	5.09 [0.000]

注：圆括号内为回归系数的 Z 统计值，方括号为对应检验的 p 统计值；***、**、*分别表示估计系数在 1%、5%、10% 的水平上显著。

第七节　结　　论

本章节的研究目标在于实证分析宜居环境因素对区域创新的影响。依据理论分析，本书首先构建了区域创新的动力机制模型，在过去研究中普遍引用的区域创新模型中引入了自然宜居环境因素和城市便利因素等。其次本章重点讨论了宜居环境因素变量的指标选择，具体本书的宜居环境因素由自然环境质量和城市便利两部分构成，除了单宜居因素指标，研究还运用主成分分析法构建了综合宜居环境指标。在变量选择的基础上，本书假定除空气质量以外的其他自然宜居因素是外生变量，而空气质量因素和城市便利因素是潜在的内生变量，从模型内生性的根源入手，本章重点讨论了解决模型潜在内生性问题的方法，其中针对城市便利因素的内生性问题，本书提出引用一些学者的匹配工具变量法策略帕特里奇、里克曼和奥尔弗特等（Partridge, Rickman and Olfert et al., 2016），并对这一方法进行了重点介绍。

在第四小节相关性分析得出宜居环境因素与区域创新存在相关关系的基础上，第五小节实证结果分析和第六小节稳健性检验结果分析中得出的主要结论有：第一，提高地区自然宜居程度和城市便利环境均有利于促进地区的创新发展；第二，显著影响区域创新的单因素有地区的空气质量、医疗资源、教育资源、公共交通和旅游环境，但区域创新更多受地区综合宜居程度的影响；第三，宜居指数对创新显著为正的影响在不同的匹配标准得到的工具变量的结果，剔除异常值的样本回归结果，以及引入自然宜居指数作为控制变量下的回归结果中均稳健；第四，区域创新增长存在显著的正空间溢出效应，将地区空间联系考虑在内的结果中，地区宜居环境因素与区域创新产出也显著正相关。

本章运用计量模型方法检验宜居环境因素对区域创新的影响。具体地，建立计量模型以后，以专利强度作为被解释变量，以宜居环境因素变量作为解释变量，对模型进行回归分析，检验区域创新的影响因素以及宜居环境因素与创新的关系。在以自然宜居因素作为解释变量的回归模型中，采用最小二乘法（OLS）方法进行估计，在以城市便利因素作为解释变量的回归模型中，采用两阶段最小二乘法（2SLS）的方法进行估计，其中后者引入了针对解决内生性问题的工具变量。其中，具体处理内生性问题的方法包括：第一，解释变量采用初期值或者滞后一期值；第二，运用内生变量的过去值（1985年或2000年）作为工具变量；第三，通过匹配工具变量法构建工具变量；第四，空间加权工具变量法。为了检验实证结果的稳健性，本书采用了更多的回归方法以及改变模型设定和工具变量设定等。此外，考虑到创新产出可能存在空间溢出效应，本书进一步构建空间计量模型进行回归分析。针对空间异质性及空间误差的假定分别用空间杜宾模型（SDM）、空间自回归模型（SAR）、空间自相关模型（SAC）、空间误差模型（SEM）建模以及极大似然估计法（MLE）估计模型，并通过似然比检验（likelihood ratio test）判断模型的适用性。

第六章　宜居环境因素对区域创新影响的异质性分析

第五章探究宜居环境因素对区域创新的影响基于的是固定效应模型分析，固定效应模型中假定所有城市的区域创新受到宜居环境因素的影响一致。在现实中，不同城市因地理位置、政治地位的差别以及经济发展处在不同的阶段，其区域创新受到宜居环境因素的影响可能存在差别。为了探究这种可能的差别，本章节将在第四章理论分析和第五章的实证分析基础上进行宜居环境因素对区域创新影响的异质性分析。具体地，本章将结合城市的异质性特征，以及专利类型的不同，空气质量个别因素的重要性来深入分析探讨宜居环境因素对区域创新的影响。

第一节　沿海城市与内陆城市的差别

中国是一个文化多样的人口大国，不同城市之间由于地理位置、历史文化和制度政策环境的不同存在着较大差异。总体上，我国东部沿海地区由于得天独厚的地理优势以及改革开放以来商业活跃，其经济相对内陆城市更为发达。第四章理论分析提出的研究推论 3 得出：增加同等数量的自然宜居特征，给定其他因素不变，沿海城市的创新产出增加要高于内陆城市的创新产出增加。为了检验研究推论及其推论假设是否成立，本节首先将城市区分为沿海城市和内陆城市，并采用第五章基准模型设定和回归方法进行分样本研究，以自然宜居因素作为主要的解释变量，表 6－1 汇报了分样本结果，其中第（1）~（3）列是以 34 个沿海城市为观察值的样本回归结果，第（4）~（6）列是以 249 个内陆城市为观察值的样本回归结果。

比较表 6－1 中自然宜居综合指数的系数大小及显著性结果可知，沿海城市样本中，自然宜居指数 2 的影响均在 1% 的水平上显著，而内陆城市的自然宜居指数的影响均不显著，该结果表明沿海地区的专利创新产出受到自然环境的影响更为显著。这一结果与研究推论 3 保持一致，说明其假设的前提，即在两类宜居环境因素中，城市便利环境的吸引力优先于自然宜居环境的吸引力，当城市的便利环境较好时，自然宜居环境的吸引力才能更好凸显出来成立。当前沿海城市普遍经济较发达，城市便利条件较好，由此自然宜居环境对创新人才进而对创新地理的影响显著，而内陆地区经济发达程度不如沿海城市，城市便利提供不足，地区对人才和企业的吸引力更多集中在城市便利上，区域创新发展受自然宜居环境的影响不显著。

表 6-1　　自然宜居因素对创新的影响：沿海城市和内陆城市对比

项目	(1)	(2)	(3)	(4)	(5)	(6)
	沿海城市			内陆城市		
自然宜居指数 1	0.902 (0.531)		1.179 (0.713)	0.388 (1.252)		0.413 (1.331)
自然宜居指数 2		12.834*** (4.428)	12.912*** (4.448)		0.422 (1.219)	0.451 (1.300)
控制变量	是	是	是	是	是	是
时间固定效应	是	是	是	是	是	是
N	388	388	388	1833	1833	1833
R^2	0.367	0.402	0.403	0.245	0.245	0.246
F	13.391	15.568	14.542	36.737	36.729	34.415
p	0.000	0.000	0.000	0.000	0.000	0.000

注：圆括号内为回归系数的 t 统计值；***、**、* 分别表示估计系数在 1%、5%、10% 的水平上显著。

进一步分析城市便利因素对创新的影响在沿海城市和内陆城市之间是否存在差别，表 6-2 汇报了以城市便利因素作为解释变量的分样本结果，其中第（1）~（2）列对应沿海城市的回归结果，第（3）~（4）列对应内陆城市的回归结果。值得提及的是，包括了城市便利因素的回归中仍然运用基于 2000 年数据得到的匹配工具变量和 2SLS 估计方法。

表 6－2　　城市便利因素对创新的影响：沿海城市和内陆城市对比

项目	(1)	(2)	(3)	(4)
	沿海城市		内陆城市	
城市便利指数 1	18. 949 (0. 650)		22. 517 (1. 549)	
城市便利指数 2		6. 401 (0. 759)		3. 245 ** (2. 113)
自然宜居指数 1	－0. 469 (－0. 134)	－0. 029 (－0. 013)	0. 248 (0. 503)	0. 074 (0. 202)
自然宜居指数 2	－0. 929 (－0. 077)	5. 254 * (1. 768)	0. 227 (0. 406)	0. 777 ** (1. 977)
控制变量	是	是	是	是
时间固定效应	是	是	是	是
N	375	375	1657	1657
R^2	0. 401	0. 458	－0. 495	0. 260
F	6. 018	15. 528	15. 159	30. 595
Sargan（p）	0. 536	0. 075	0. 678	0. 260
Hausman test	[1. 000]	[1. 000]	[1. 000]	[0. 996]
First-stage statistics	2. 84	3. 53	23. 99	201. 06

注：圆括号内为回归系数的 t 统计值，方括号内为对应检验的 p 统计值；***、**、* 分别表示估计系数在 1%、5%、10% 的水平上显著。First-stage F 值为排除了工具变量以后的模型 F 统计值。

表 6－2 的结果中，城市便利因素对专利创新的影响在内陆城市的影响更大。单从检验结果来看，匹配工具变量法对内陆城市样本更为适用，表现在第（3）~（4）列的模型过度识别检验和第一阶段显著性检验均通过，其中城市便利综合指数 2 的系数更为显著，作为控制变量的自然宜居环境指数也均显著为正。综合沿海城市和内陆城市的分样本回归结果可知，沿海地区的专利创新受到自然宜居因素影响更大，而内陆地区的专利创新受到城市便利条件制约更大。这一结论说明理论分析的研究推论 3 成立。该结论同时说明，基于中国整体的经济发展水平，创新工人或企业当前对生活质量更为关注的因素首先是城市便利因素，其次是自然宜居因素，在经济水平相对落后的内陆城市，基于经济发展水平的限制，仅仅只有城市便利因素对创新发展的影

响体现出来，而在经济相对发达的沿海城市，城市便利因素和自然宜居因素对创新发展的影响均体现出来，且由于沿海地区的经济更为发达，其对自然宜居因素的需求更明显，表现出来为自然宜居因素对区域创新发展的重要性超出了城市便利因素对创新发展的重要性。

紧接着，基于自然宜居单因素的 OLS 结果表明，对于沿海城市（见表 6－3），仅仅只有空气质量因素（PM2.5）和人均绿地面积的系数显著，而对于内陆城市（结果如表 6－4 所示），空气质量因素是唯一显著的变量。该结果说明沿海城市的创新表现不仅与空气污染显著负相关，其还受到地区人均绿地面积的影响，这一结果与自然宜居因素对沿海地区的创新发展更为重要的结论一致，揭示出宜居效应的发挥需要建立在一定经济发展水平上。但从空气污染对沿海城市和内陆城市的影响来看，表 6－3 中沿海地区的空气污染对创新的影响系数为－0.378，而表 6－4 中内陆地区的这一系数为－0.068，说明沿海地区的创新活动受空气质量水平的影响程度更大。

表 6－3　　自然宜居单因素变量对创新的影响：沿海城市

项目	(1)	(2)	(3)	(4)	(5)	(6)	(7)
温度宜居指数	53.230 (0.553)						8.760 (0.097)
空气污染		－0.378** (－2.358)					－0.386** (－2.555)
日照			－1.871 (－0.650)				－1.247 (－0.435)
降雨				0.266 (1.475)			0.017 (0.105)
湿度					0.225 (1.343)		－0.133 (－0.769)
绿地面积						0.949*** (7.826)	0.897*** (8.701)
控制变量	是	是	是	是	是	是	是
时间固定效应	是	是	是	是	是	是	是
N	535	394	541	541	541	539	386
R^2	0.487	0.376	0.487	0.489	0.489	0.546	0.501

续表

项目	(1)	(2)	(3)	(4)	(5)	(6)	(7)
F	26.159	14.231	26.490	26.691	26.648	33.383	16.774
p	0.000	0.000	0.000	0.000	0.000	0.000	0.000

注：圆括号内为回归系数的t统计值；***、**、*分别表示估计系数在1%、5%、10%的水平上显著。

表6-4　　　　自然宜居单因素变量对创新的影响：内陆城市

项目	(1)	(2)	(3)	(4)	(5)	(6)	(7)
温度宜居指数	31.969 (1.048)						21.475 (1.018)
空气污染		-0.068** (-2.316)					-0.070** (-2.335)
日照			0.826 (0.972)				0.553 (0.769)
降雨				0.010 (0.478)			0.007 (0.507)
湿度					-0.041 (-1.000)		0.058* (1.684)
绿地面积						-0.001 (-0.113)	0.000 (0.070)
控制变量	是	是	是	是	是	是	是
时间固定效应	是	是	是	是	是	是	是
N	2513	1844	2524	2524	2524	2519	1829
R^2	0.317	0.247	0.318	0.317	0.318	0.315	0.249
F	61.902	37.349	62.245	62.184	62.250	61.456	27.475
p	0.000	0.000	0.000	0.000	0.000	0.000	0.000

注：圆括号内为回归系数的t统计值；***、**、*分别表示估计系数在1%、5%、10%的水平上显著。

进一步以城市便利因素作为解释变量，分析宜居因素对创新的影响在沿海城市和内陆城市的差别，基于基准模型中的工具变量法的回归结果分别如表6-5和表6-6所示。

表 6 -5　　城市便利单因素变量对创新的影响：沿海城市

项目	(1)	(2)	(3)	(4)	(5)	(6)	(7)	(8)	(9)
人均床位数	6.277 *** (2.655)								
人均中学数		-40.671 (-0.283)							
人均小学数			19.137 *** (3.171)						
旅游环境				4.668 (1.111)					
道路面积					-0.047 (-0.065)				
公共交通						0.337 (0.629)			
总床位数							5.140 (0.899)		
总中学数								8.863 (1.631)	
总小学数									2.849 *** (2.946)
控制变量	是	是	是	是	是	是	是	是	是
时间固定效应	是	是	是	是	是	是	是	是	是
N	531	536	540	541	533	537	531	536	540
R^2	0.192	0.384	0.257	0.403	0.551	0.505	0.510	0.537	0.452
F	4.593	22.058	18.817	22.810	33.497	27.274	27.276	29.502	25.207
Sargan(p)	0.359	0.002	0.538	0.255	0.000	0.535	0.000	0.080	0.252
Hausman test	[0.993]	[1.000]	[0.939]	[1.000]	[1.000]	[1.000]	[1.000]	[0.995]	[0.991]
First-stage F statistics	78.64	3.66	72.62	17.76	6.04	7.44	92.44	45.07	76.4

注：圆括号内为回归系数的 t 统计值，方括号内为对应检验的 p 统计值；***、**、* 分别表示估计系数在 1%、5%、10% 的水平上显著。First-stage F 值为第一阶段回归排除了工具变量以后的模型 F 统计值。

表 6-6　　　　城市便利单因素变量对创新的影响：内陆城市

项目	(1)	(2)	(3)	(4)	(5)	(6)	(7)	(8)	(9)
人均床位数	-15.447 (-0.670)								
人均中学数		35.828** (2.576)							
人均小学数			-2.189 (-1.572)						
旅游环境				6.212** (2.101)					
道路面积					0.232 (0.186)				
公共交通						3.375** (2.175)			
总床位数							3.532*** (3.182)		
总中学数								0.002 (0.001)	
总小学数									-0.624 (-1.376)
控制变量	是	是	是	是	是	是	是	是	是
时间固定效应	是	是	是	是	是	是	是	是	是
N	2519	2519	2519	2523	2519	2509	2519	2519	2519
R^2	0.409	0.321	0.231	-0.444	0.304	-0.518	0.325	0.317	0.241
F	0.835	62.782	55.272	29.649	58.961	28.065	63.345	62.085	55.974
Sargan(p)	0.766	0.000	0.981	0.005	0.114	0.929	0.000	0.012	0.274
Hausman test	[1.000]	[1.000]	[0.998]	[0.999]	[0.674]	[0.999]	[1.000]	[1.000]	[1.000]
First-stage statistics	349.72	274.35	221.02	2.42	10.18	5.66	509.93	181.27	146.45

注：圆括号内为回归系数的 t 统计值，方括号内为对应检验的 p 统计值；***、**、* 分别表示估计系数在 1%、5%、10% 的水平上显著。First-stage F 值为排除了工具变量以后的模型 F 统计值。

从表 6-5 以沿海城市为样本的回归结果中，仅有医疗资源和教育资源的系数是显著的，而从表 6-6 以内陆城市为样本的回归结果中，除了医疗资源

(绝对量水平)，教育资源（人均量水平）的影响显著以外，旅游资源环境以及公共交通服务的影响也显著，即使该回归结果没有通过模型对应的第一阶段显著性检验。针对城市便利因素影响的分样本结果表明，内陆城市的创新活动受到更多城市便利因素的影响，该结论同样与以城市便利综合指数作为解释变量的回归结果保持一致。

第二节　省会城市与非省会城市的差别

在中国城市体系中，省会城市和直辖市由于集中了更多的政治资源往往具有多方面的特殊性。例如，地区重要的行政机构一般设立在省会城市，一个省份的物质资源和人才资源一般集中在省会城市，例如，大型人才商贸活动的举办等，省会城市由于集中了更多的资源经济发展更快。基于省会城市与非省会城市的异质性，本书第四章的理论分析提出研究推论 4：当地区与行政地位无关的城市便利供给提高相同的水平时，给定其他因素不变，非省会增加的城市的创新产出要高于省会城市增加的创新产出。本书接下来将对城市分类为省会城市（包括直辖市）和非城市样本，实证检验研究推论 4 是否成立。

表 6－7 列出了宜居环境综合指数对创新影响的实证结果，包括了城市便利因素的回归仍然采用匹配工具变量法来进行，且控制变量中包括了自然宜居环境指数。具体以省会城市为样本的回归结果汇报在表 6－7 中第（1）~（2）列中，以非省会城市为样本的回归结果汇报在表 6－7 第（3）~（4）列中。对比回归结果发现，宜居环境综合指数对创新发展的重要性仅仅在非省会城市样本中体现出来，其中以自然宜居指数 2 和城市便利指数 2 的影响为显著。在回归结果中，在物质资本和人力资本等各方面的资源更为集中的省会城市，宜居环境对创新发展的重要性相反不显著。这一结果表明理论分析的研究推论 4 成立，表明制度在中国区域创新增长中发挥了重要作用，其重要作用远大于宜居环境因素的重要性，对于省会城市而言，由于其特殊的政治地位，其在吸引人力资本和物质资本中均具有显著的优势，即使地区自然条件不宜居或者城市便利条件不好，其政治资源背后带来的巨大利益仍然能够吸引大量创新企业和创新人才，而相比之下，所有的非省会城市均不具备

政治资源上的优势，由此自然宜居因素和城市便利因素开始发挥显著吸引创新人才和企业的作用。

此外，单宜居因素对创新发展的重要性在省会城市和非省会城市，与综合宜居指数的结果保持一致。由于篇幅原因，单因素的分样本结果不作汇报。

表6-7　　宜居环境综合指数对创新的影响：省会城市和非省会城市的对比

项目	(1)	(2)	(3)	(4)
	省会城市		非省会城市	
城市便利指数1	29.023 (0.577)		25.627 (1.185)	
城市便利指数2		9.059 (1.609)		4.262*** (3.117)
自然宜居指数1	-0.226 (-0.104)	-0.075 (-0.091)	-0.393 (-0.387)	0.032 (0.078)
自然宜居指数2	-1.428 (-0.418)	0.396 (0.315)	-0.054 (-0.050)	1.231*** (2.832)
控制变量	是	是	是	是
时间固定效应	是	是	是	是
N	234	234	1798	1798
R^2	0.507	0.697	-0.918	0.285
F	5.397	26.888	13.677	37.067
Sargan(p)	0.879	0.000	0.914	0.625
Hausman test	[1.000]	[1.000]	[1.000]	[0.929]
First-stage statistics	3.45	13.78	8.67	189.34

注：圆括号内为回归系数的t统计值，方括号内为对应检验的p统计值；***、**、*分别表示估计系数在1%、5%、10%的水平上显著。First-stage F值为第一阶段回归排除了工具变量以后的模型F统计值。

第三节　不同类型专利的差别

不同形式的专利创新的形式和内容不同。三种不同的专利-发明专利、实用新型专利和外观设计专利在应用领域、审查内容和保护期限上均存在差异。一般而言，获得发明专利的难度较高，故其专利创新性更强。实用新型专利和外观设计专利的创新含量则相对较低。第四章理论分析指出，当工人产出不同类型的专利产出的生产函数差别较大时，宜居环境因素对区域创新的影响将与特定专利类型衡量的创新产出有关。为了检验基准研究结论因专利类型不同而出现差异，本小节将总的专利区分为三种专利，运用人均专利数作为被解释变量的回归结果如表 6－8 所示。其中第（1）~（2）列的被解释变量为发明专利强度，第（3）~（4）列的被解释变量是实用新型专利强度，第（5）~（6）列的被解释变量是外观设计专利强度。表 6－8 结果显示，无论是哪一种专利创新，自然环境宜居指数 2 和城市宜居环境指数 2 对其均存在显著为正的影响，由于上文的实证结果中宜居指数 2 的影响比宜居指数 1 的影响更具参考性，因此该结果说明三种不同类型的专利创新均受到区域宜居环境因素的影响。

表 6－8　　　　宜居环境对创新的影响：三种不同类型专利比较

项目	(1)	(2)	(3)	(4)	(5)	(6)
	发明		实用新型		外观设计	
城市便利指数 1	4.362 (1.123)		12.756 (1.527)		12.306 (1.357)	
城市便利指数 2		0.832** (2.531)		1.953*** (4.266)		2.262*** (3.047)
自然宜居指数 1	−0.005 (−0.027)	0.038 (0.401)	−0.174 (−0.465)	0.007 (0.049)	−0.099 (−0.244)	0.032 (0.148)
自然宜居指数 2	0.028 (0.146)	0.237** (2.269)	−0.165 (−0.396)	0.410*** (2.817)	0.023 (0.051)	0.605** (2.567)
控制变量	是	是	是	是	是	是
时间固定效应	是	是	是	是	是	是
N	2032	2032	2032	2032	2032	2032
R^2	0.454	0.263	−1.586	0.450	−0.909	0.094
F	18.630	37.027	18.781	88.827	6.072	13.138
Sargan(p)	0.732	0.451	0.612	0.846	0.538	0.019

续表

项目	(1)	(2)	(3)	(4)	(5)	(6)
	发明		实用新型		外观设计	
Hausman test	[0.991]	[0.675]	[0.990]	[0.921]	[0.994]	[0.960]
First-stage F statistics	20.76	247.8	20.76	247.8	20.76	247.8

注：圆括号内为回归系数的t统计值，方括号内为对应检验的p统计值；***、**、*分别表示估计系数在1%、5%、10%的水平上显著。First-stage F值为排除了工具变量以后的模型F统计值。

第四节　结　　论

本章实证分析是第五章的拓展部分，主要的目标在于分析宜居环境因素对区域创新影响是否存在城市层面的异质性、专利层面的异质性和单因素影响的异质性。基于第四章理论分析的基础，本章的细化研究分别从宜居环境因素对创新的影响在沿海城市和内陆城市的差别、省会城市和非省会城市的差别、三种不同专利类型中的差别，以及单独的空气质量因素对区域创新发展的影响四个方面来入手。基于实证结果分析，本章得出的主要结论有：

第一，沿海地区的创新发展受到自然宜居环境的显著影响，而不受城市便利环境的影响，一个可能的原因是沿海地区的经济相对发达，城市便利环境普遍较好的情况下，创新工人或企业受地区自然宜居因素的吸引更大；内陆城市的创新发展仅受到城市便利环境的影响，可能的原因是在经济水平相对不发达的内陆城市，城市便利提供不足，在城市便利资源稀缺的情况下，其优先发挥吸引高技能人才或者企业的作用，而自然宜居因素只有在城市便利容易满足了以后其吸引力才发挥出来；从具体宜居因素来看，沿海城市的创新发展受到空气质量因素的影响最大，内陆城市的创新发展受地区教育资源和医疗资源以及旅游资源和公共交通服务的影响较大。

第二，仅仅只有非省会城市的创新发展受到地区自然宜居环境和城市便利环境的影响，省会城市（包括直辖市）则不受此影响。可能的原因是制度在中国区域创新增长中发挥了重要作用，省会城市基于其特殊的政治地位在吸引人力资本和物质资本中均具有得天独厚的优势，即使地区自然条件不宜居或者城市便利条件不好，其政治资源背后带来的巨大利益仍然能够吸引大量创新企业和创新人才，而相比之下，所有的非省会城市均不具备政治资源上的优势，此时自然宜居因素和城市便利因素吸引人才和企业的作用开始凸显。

第三，将专利分为三类的分样本结果中，无论是发明专利、实用新型专利还是外观设计专利，其增长均受到地区自然宜居指数和城市便利指数的显著影响，表明地区宜居环境因素对区域创新的影响不因专利类型的差异而不同。

第四，运用多种工具变量法单独分析空气质量对创新的影响的研究结果显示，无论采用何种工具变量方法，地区的空气质量因素是决定地区创新产出的重要因素，给定其他条件不变，区域创新在空气质量越好的地区发展越快。

第七章　宜居环境因素对区域创新影响的渠道分析

第五章和第六章的实证分析指出，地区的宜居环境因素对区域创新产出增长有显著影响。本章进一步探究实证问题：宜居环境因素对区域创新影响的可能渠道是怎样的？其中有关宜居环境因素对区域创新的影响渠道本书第四章已进行了理论分析，理论分析提出宜居环境因素对区域创新影响的可能渠道有：第一，宜居环境因素影响高技能工人产出创新的劳动生产率；第二，宜居环境因素影响创新产出的人力资本转化效率；第三，宜居环境因素影响创新产出的物质资本转化效率；第四，宜居环境因素影响创新产出的集聚经济正外部性；第五，宜居环境因素影响区域传出创新的人力资本池。本章将对理论分析的假设进行检验。基于数据的限制性，有关宜居环境因素对人口劳动生产率的直接影响本书研究无从验证，但本章将会从数据可得的方面来进行宜居环境因素对区域创新影响的间接渠道探究，具体本章检验了宜居环境因素对区域创新影响的四个可能渠道，分别为宜居环境因素对人力资本转化效率的影响，对物质资本转化效率的影响、对集聚经济正外部性效应的影响和对区域人力资本池的影响。四个渠道的分析将有助于从侧面反映宜居环境因素对人口和企业行为影响的微观机制。此外，本章第四节拓展研究了宜居环境因素与地区人力资本池的关系，其中为了突出宜居环境因素对人口影响的异质性，该小节进一步将宜居环境因素对人口增长、就业增长以及人力资本池增长影响作了对比分析，这一对比分析还进一步用于间接检验本研究命题提出的基本假设是否成立，即宜居环境因素在中国可能仅仅对一小部分人口，即本书假定的产出创新的高技能工人有影响。

第一节 宜居环境因素与劳动生产率

有关宜居环境因素与劳动生产率关系的讨论多集中在社会学和卫生经济学领域。相比之下，宜居环境因素提及最多的是地区的空气质量因素。如一些卫生学文献揭示了空气污染与人类疾病以及健康的关系，如空气污染与心肺疾病、呼吸感染、肺癌（Rundell，2012）、婴儿发病率（Chay and Greenstone，2003；Currie and Neidell，2005），哮喘（Neidell，2004），人类预期寿命的关系等（Chen，Ebenstein and Greenstone et al.，2013）。总体上，负向宜居因素例如空气污染物被认为对人类健康造成了显著的负面影响，在空气严重污染的地区生活或工作个体的人力资本将被削弱，劳动生产率下降。

随着空气污染成为日益严重和普遍的社会问题，空气污染与短期劳动生产率关系近年来得到了尤其多的关注和讨论。例如席文和内德尔（Zivin and Neidell，2012）研究得出臭氧含量增加减少了美国加利福尼亚地区户外运动的人口；以美国、印度、中国的计件工作制的工人为研究对象，PM2.5 和二氧化硫等空气污染物含量的增加降低了室外计件工资工人的劳动效率（Adhvaryu，Kala and Nyshadham，2014；Chang，Zivin and Gross et al.，2016；He，Liu and Salvo，2016）；以专业运动教练和运动员作为研究对象，利希特、佩斯特尔和索默（Lichter，Pestel and Sommer，2017）研究发现，地区 PM10 污染物含量每提高 1%，德国专业棒球运动员成绩下降 0.02%；阿奇史密斯、海耶斯和萨伯里安（Archsmith，Heyes and Saberian，2016）同样发现空气污染物一氧化碳和 PM2.5 含量与地区专业棒球教练的生产率显著负相关；以中国 2014 年和 2015 年 37 个城市 55 个赛事的个体微观数据为依据，傅和郭（Fu and Guo，2017）探究空气污染对马拉松运动员运动表现的影响发现，空气污染物浓度每提高 1 单位会使得运动员完成马拉松的时间减少 2.6 分钟。

基于心理学和精神学角度的研究进一步揭示，空气污染会降低人类的认知能力，增加人的焦虑感，对人的心理有负面影响（Lavy and Roth，2014；Pun，Manjourides and Suh，2016）。反之，在空气环境好的地区，人的生产效率将会更高。例如，在更宜居的环境中，劳动者的身心更愉快，在一个令人愉悦和放松的环境中生活或者工作，人的生产效率会更高。尤其是知识工作者在放松的环境中会收获更多灵感，产出更多新知识、新想法以及有更好的创新。此外，作为一种美好事物和美好环境，宜居环境因素本身也可能为知识工作者带来创作灵感，例如，中国古代许多诗词画家的灵感均从美好的山水景色中启示而来。

本书理论分析提出宜居环境因素对区域创新的影响的作用机理之一在于宜居环境因素对高技能工人工作努力程度的影响，事实上，该理论分析的机理正是宜居环境因素对工人劳动生产率的正影响。由于缺乏个体微观数据，无法检验宜居环境因素对个体工人的劳动生产率是否存在显著影响，但宜居环境因素对劳动生产率的影响相对直接且存在诸多文献结论的支持，由此，本书提出宜居环境因素对个体劳动生产率的影响是宜居环境因素影响区域创新产出的重要渠道之一。

第二节　宜居环境因素与人力资本转化效率

人力资本是实现创新的重要投入，人力资本转化为创新的效率决定了创新系统的发达程度，其转化效率对决定地区创新产出至关重要。本书第四章机理分析基于静态视角提出宜居环境因素对创新的可能影响渠道有直接和间接两种，直接影响体现为在更宜居的环境中，人类产生更多的灵感形成创新；间接方式体现在给定人力资本和物质资本时，人力资本和物质资本在宜居环境中转化为创新的效率更高。由于宜居环境因素对创新直接影响的渠道，即灵感的产生无法从数据中观察得出，故该部分宜居环境因素对创新的机制探究集中在其间接影响上。

理论分析提出，给定地区人力资本和其他投入因素以及结构因素不变的情况下，人力资本转化为创新的效率随着环境宜居程度提高而增加。为验证这一假说，本书在基准实证模型中引入宜居环境因素与人力资本的交互项，加入交互项后的回归方程如下：

$$\text{inno}_{i,t} = \gamma + \beta_1 \text{amenity}_{i,t-1} + \beta_2 X_{i,t-1} + \kappa_1 \text{sharecoll} \times \text{amenity} + \mu_i + \nu_t + \varepsilon_{it} \tag{7.1}$$

其中，交互项 sharecoll × amenity 为基准模型新增变量，其揭示了人力资本对创新的影响与宜居环境的联合作用，若交互项 sharecoll × amenity 的系数 κ_1 显著为正，且单独的人力资本和宜居环境变量也显著为正，则表明在其他因素不变的情况下，地区人力资本转化为创新的效率随着地区宜居程度提高而变大。

关于交互项中的宜居环境因素，本章将主要考虑宜居综合指数而不考虑单因素宜居环境因素。这是由于：第一，专注于整体宜居性的影响研究有助于更好地理解研究结果的核心含义；第二，有关单宜居因素对创新的影响在上两节中已进行了较多讨论，且形成初步结论并通过了系列稳健性检验，在本章继续探究单因素对创新的间接影响意义不大且容易混淆不同的实证结果；第三，节省篇幅。由于第五章和第六章的实证研究结果中自然宜居指数 2 和城市便利指数 2 的结果更显著，代表性更强，本章将采用两个指数衡量地区环境宜居程度的结果。

表 7-1 第（1）列和第（2）列汇报了对方程（7.1）进行回归的实证结果。从交互项的结果来看，自然宜居环境指数与人力资本的交互项不显著，而城市便利指数与人力资本的交互项显著，此外单独的人力资本项和宜居指数项的影响也均为正，表明提高城市便利环境有利于提高人力资本转化为创新的效率，而自然宜居环境则对这一效率无影响。这一结果说明，在城市便利性更高的地区，人力资本的溢出效应更好，现实生活中，创新人才在享受城市便利的过程中，尤其是参加休闲娱乐设施的过程中产出知识外溢。

表 7-1　　交互项结果

项目	(1)	(2)	(3)	(4)	(5)	(6)
人力资本×自然宜居指数 2	-0.007 (-0.078)					
人力资本×城市便利指数 2		0.712*** (7.583)				
经济水平×自然宜居指数 2			0.085 (0.678)			
经济水平×城市便利指数 2				0.101** (1.992)		
集聚经济×自然宜居指数 2					0.011*** (7.301)	
集聚经济×城市便利指数 2						0.006*** (7.690)

续表

项目	(1)	(2)	(3)	(4)	(5)	(6)
自然宜居指数 2	1.136** (2.338)		0.958** (1.988)		-2.390*** (-3.761)	
城市便利指数 2		2.226*** (5.227)		3.785*** (-10.168)		2.419*** (-5.873)
研发投入	0.693** (2.548)	0.763** (2.074)	0.710*** (-2.609)	0.549 (-1.477)	0.781*** (-2.916)	0.814** (-2.211)
人力资本	1.986*** (9.275)	3.177*** (14.015)	1.990*** (-9.305)	2.291*** (-11.643)	2.023*** (-9.588)	2.269*** (-12.442)
集聚经济	0.016*** (4.193)	0.022*** (5.654)	0.016*** (-4.149)	0.026*** (-6.576)	0.008** (-2.089)	0.035*** (-8.754)
产业结构	0.106*** (3.430)	0.076** (2.512)	0.109*** (-3.501)	0.072** (-2.363)	0.115*** (-3.773)	0.087*** (-2.888)
人口规模	-0.048*** (-4.220)	-0.005 (-0.553)	-0.046*** (-4.109)	-0.016* (-1.856)	-0.028** (-2.525)	-0.004 (-0.434)
经济水平	0.967*** (3.740)	1.965*** (14.946)	0.967*** (-3.746)	1.857*** (-11.881)	0.996*** (-3.914)	1.809*** (-13.491)
常数	1.819 (0.483)	-24.532*** (-7.736)	1.169 (-0.31)	-18.001*** (-5.829)	-2.254 (-0.616)	-27.766*** (-8.408)
城市固定效应	是	是	是	是	是	是
时间固定效应	是	是	是	是	是	是
N	2221	3046	2221	3046	2221	3046
R^2	0.242	0.422	0.242	0.411	0.263	0.423
F	40.984	111.529	41.023	106.486	45.673	111.684
p	0.000	0.000	0	0	0	0

注：圆括号内为回归系数的 t 统计值；***、**、* 分别表示估计系数在 1%、5%、10% 的水平上显著。

人力资本转化为创新的效率与城市便利环境相关与城市便利环境影响创新工作者的劳动效率的微观机制有较大关系。地区的城市便利条件是构成创新劳动者生活质量的重要部分，由于创新劳动者的收入水平一般较高，在城市便利性好的地区工作或者生活能够享受到地区生活质量高带来的效应，由此心情更愉悦，进行创新活动的效率提高。相比之下，地区自然条件对创新劳动者的创新活动效率影响则较小。

除此之外，表7－1中其他控制变量影响与第五章、第六章中的基准实证模型结果保持一致。由此，除了宜居环境因素、地区研发投入、人力资本、集聚经济、制造业比重和经济发达水平是区域创新增长的重要动力因素。

第三节　宜居环境因素与物质资本转化效率

一个地区的经济发达水平往往也是一个地区人力资本和物质资本丰裕程度的体现。前面小节探究了宜居环境因素对人力资本转化为创新效率的影响，接下来将探究宜居环境因素对物质资本转化为创新效率的影响。由于创新更多是“人力资本”密集型，地区物质资本对创新的影响更多体现在对创新活动相关的支撑上。第五章的基准回归模型结果表明区域创新的增长除了受人力资本影响，还受到地区经济发展水平，即物质资本数量显著为正的影响。物质资本例如地区科研实验室的条件、实验设备仪器的投资对决定创新活动成败也有较大影响。宜居环境因素，尤其是自然环境特征，例如风速、温度、空气质量等，也是容易影响物质资本转化为创新的条件。另外，人力资本转化为创新的过程也需要物质资本的支撑作用。在宜居条件好的地区，高技能工人的创新活动效率提高，其将物质资本转化为创新的效率也可能相应提高。第四章理论分析提出，宜居环境影响物质资本转化为创新的效率是宜居环境因素对区域创新影响的可能渠道，为检验这一假说，本节在基准回归模型中引入地区经济发达城市与宜居环境指数的交互项，具体回归方程如式（7.2）所示。

$$inno_{i,t} = \gamma + \beta_1 amenity_{i,t-1} + \beta_2 X_{i,t-1} + \kappa_2 GDPpc \times amenity + \mu_i + \nu_t + \varepsilon_{it} \quad (7.2)$$

表7－1中第（3）～（4）列汇报了方程（7.2）的回归结果。观察交互项的结果可知，自然宜居指数与地区经济发展水平的交互项系数不显著，而城市便利指数与地区经济发展水平的交互项系数显著为正，且对应的人力资本和宜居环境指数均显著为正，表明物质资本转化为创新的效率同样仅仅与地区便利环境显著正相关。相比之下，城市便利环境成为地区创新系统的重要部分，决定了人力资本和物质资本转化为创新的效率。由此，在推动区域创

新发展过程中，仅仅提高与创新相关的人力资本和物质资本投入是不够的，还需要为创新人才和创新企业提供更便利的城市公共服务或产品，提高更多的地区休闲娱乐设施和服务，在人才生活质量普遍较高的城市，其人力资本和物质资本的投入产出比也会相应较高。

第四节　宜居环境因素与集聚经济正外部性效应

新知识新思想的产生需要以频繁的信息交换和交流为条件和前提。集聚经济则创建了良好的信息交流和交换的环境，也正因为此，集聚经济的程度一般也代表着地区知识外溢的程度，本书第五章基准实证模型得出，提高集聚经济水平能够显著促进地区创新增长，由此集聚经济的正外部性对创新形成和发展重要。随着宜居环境因素吸引人口尤其是高技能人才的作用，其有利于提高地区集聚经济的程度，尤其是促进集聚经济正外部性效应的扩大，可以预期，在宜居条件更好的地区，人们外出和面对面进行交流的机会更多，交流的增加将进一步促进更多创新的产生。理论分析同样提出了这一影响渠道，与理论分析一致，本书通过引入集聚经济水平与地区宜居环境指数的交互项来检验这一假说，具体回归方程如式（7.3）所示：

$$inno_{i,t} = \gamma + \beta_1 amenity_{i,t-1} + \beta_2 X_{i,t-1} + \kappa_3 popudensi \times amenity + \mu_i + \nu_t + \varepsilon_{it} \tag{7.3}$$

同样地，交互项系数 κ_3 是研究最感兴趣的变量。表 7－1 第（5）~（6）列汇报了方程（7.3）的回归结果。

从结果中可知，自然宜居指数与集聚经济的交互项、城市便利指数与集聚经济的交互项均为正。其中，在第（5）列的结果中，自然宜居指数与集聚经济的交互项系数显著为正，而自然宜居指数单独项对创新的影响为负，通过进一步的计算，如参考集聚经济变量对应的数据统计平均值为 422.87，计算得出自然宜居指数对创新总的影响大于 0，表明整体自然宜居环境对创新影响为正，这一发现与前面章节的结论保持一致。更为重要的是，从交互项的结果中可得出自然宜居环境和城市便利宜居环境均有利于扩大集聚经济促进创新的正外部性效应。

集聚经济促进创新的效率与地区自然环境宜居程度相关揭示了这样一种

可能：地区信息交流与传播的频率随着地区自然环境宜居程度提高而递增，例如，在自然环境宜人的地区，人们更喜欢走进大自然放松自己，进行户外活动的意愿增加，户外活动的增加增加了人口面对面交流的机会，行业间和行业内的溢出效应明显。作为对比，地区的人力资本数量和物质资本数量对创新的影响与自然环境宜居程度无关，一个可能的原因是与传统制造产业不同，创新投入产出的过程中对自然条件的依赖程度较低，而集聚的环境对创新发展至关重要。

此外，对比城市便利环境和自然宜居环境对创新的间接影响可知，城市便利环境对创新显著的间接影响效应比自然宜居环境对创新的影响突出。这也从侧面反映出地区高技能劳动者更关注一个地区的便利设施和服务水平，即当前阶段，相比自然宜居环境因素，城市便利特征在吸引创新人才和创新企业中发挥的作用更大。这一结论与基准模型中两类宜居要素的重要性对比结果的结论一致。如果自然宜居特征主要通过吸引人口外出促进人口面对面交流的机会进而影响创新，那么城市便利设施或服务也可以通过该种渠道影响创新。由此，通过影响渠道分析的结果，地区的宜居环境因素，尤其是城市便利特征，的确能够通过影响地区人力资本、物质资本的转化效率，以及扩大集聚经济正外部性的方式来促进创新，这一结论有力地支持了第四章有关宜居环境因素对创新影响的机理分析中的间接机制。

第五节 宜居环境因素与地区人力资本池

本章前四个小节的影响渠道分析中的渠道均为静态视角下的影响渠道，表现在给定地区其他投入和结构因素不变的情况下。事实上，从动态视角看，在给定人力资本、物质资本投入产出效率以及集聚经济正外部性效应一定的情况下，宜居环境因素还可以通过吸引更多的人力资本、物质资本和促进集聚经济的方式促进创新。换言之，静态视角下的影响渠道多与生产效率有关，而动态视角下的影响渠道则与创新投入量有关。考虑到宜居环境因素与地区人力资本相互影响，难以较好区分“因果关系”，本书选择从其中一个简单的视角切入，探究宜居环境因素如地区人力资本池的关系，来深入分析宜居环境因素对区域创新影响的机制问题。此外，为了凸显宜居环境因素与创新人才的关系，在探究宜居环境因素与人力资本池的关系之前，先分析了宜居环境因素与地区人口增长、就业增长的关系，并将其与宜居环境因素对人力资本池的影响进行对比，以检验是否人口中的小部分群体即高技能人才受到地区宜居环境因素显著的影响。

不同于前面章节的研究数据，该部分探究宜居环境因素与地区人口增长、人口结构变化、就业增长、就业结构变化的关系时，选择了 2000 年和 2010 年中国人口普查分县资料数据作为研究数据，原因在于中国人口普查分县数据提供了详细的从业人员教育背景和人口年龄分段数据，基于该数据可进一步对比出宜居环境因素与不同技能水平劳动力人口增长的关系。在分县资料的基础上，本书将县级层面数据加总为地级市层面数据，并与第五章、第六章实证分析的数据一起构成本章的数据样本。

一、相关性分析

为了从整体上把握宜居环境因素与地区人力资本池和集聚经济的关系，本节首先对宜居环境因素与人口增长、就业增长的相关关系进行了描述。在指标选择上，本书将 2000 ~ 2010 年的变化值作为因变量，例如，2000 ~ 2010 年的人口增长率等。同时，与本章前面的实证结果保持一致，本章分别选择了自然宜居指数 2 和城市便利指数 2 作为宜居指标的代表变量，其中，基于数据可得性，宜居环境指数对应为 2003 年的数据。

自然环境宜居指数 2、城市便利环境指数 2 与地区人口增长率的拟合关系图分别如图 7 - 1 和图 7 - 2 所示。从图 7 - 1 和图 7 - 2 的结果可知，地区总人口增长率与自然宜居环境以及城市便利宜居环境的相关性几乎为零，这一结果表明宜居环境因素与区域的总人口增长无显著的相关关系，即宜居环境的重要性没有在区域总人口地理上得到体现。进一步，图 7 - 3 和图 7 - 4 进一步比较了地区流动人口增长率与两类宜居指数的关系，仅仅从相关关系结果来看，图 7 - 3 的结果中自然宜居环境与流动人口的相关性也几乎为 0，而图 7 - 4 中城市便利宜居指数与地区流动人口增长率呈现一定的负相关关系，该相关性结果表明流动人口在城市便利性好的地区增长相对更慢，但从具有下降趋势的平坦拟合线来看，这一相关关系存在但较弱，相对弱的宜居环境指数与人口增长率的相关关系结果表明，宜居环境因素的重要性也并没有在流动人口的经济地理中得到体现。

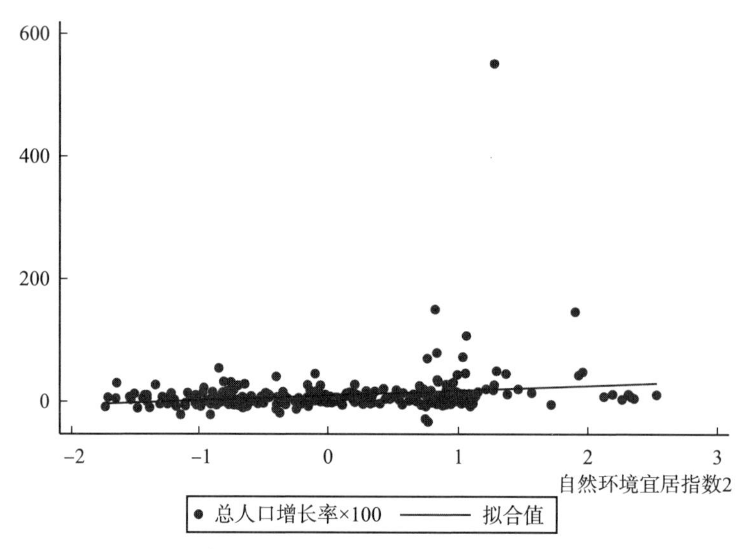

图7－1　自然宜居指数2与总人口增长率拟合关系图

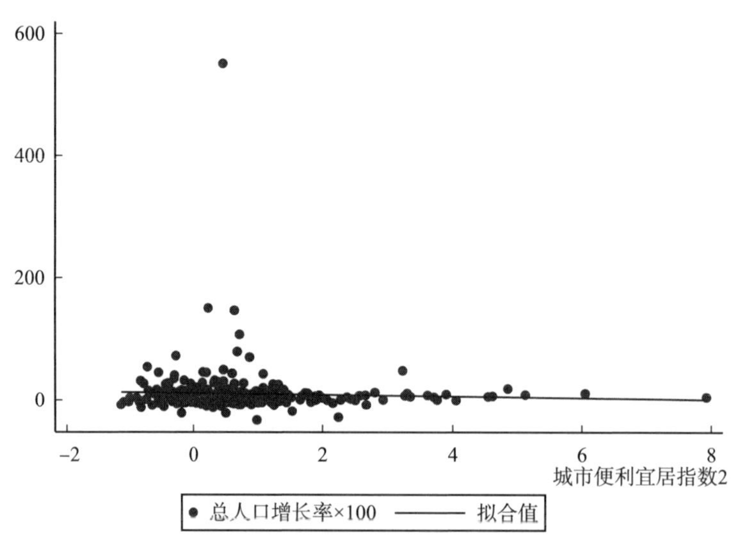

图7－2　城市便利指数2与总人口增长率拟合关系图

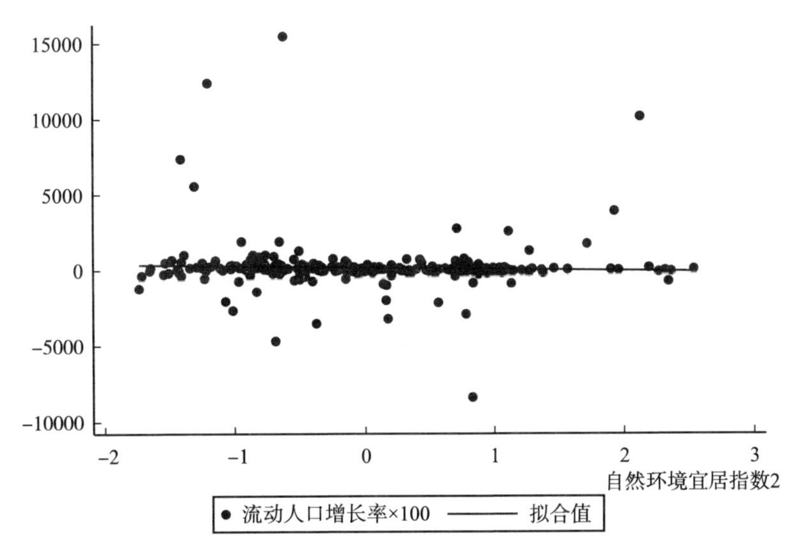

图7-3　自然宜居指数2与流动人口增长率拟合关系图

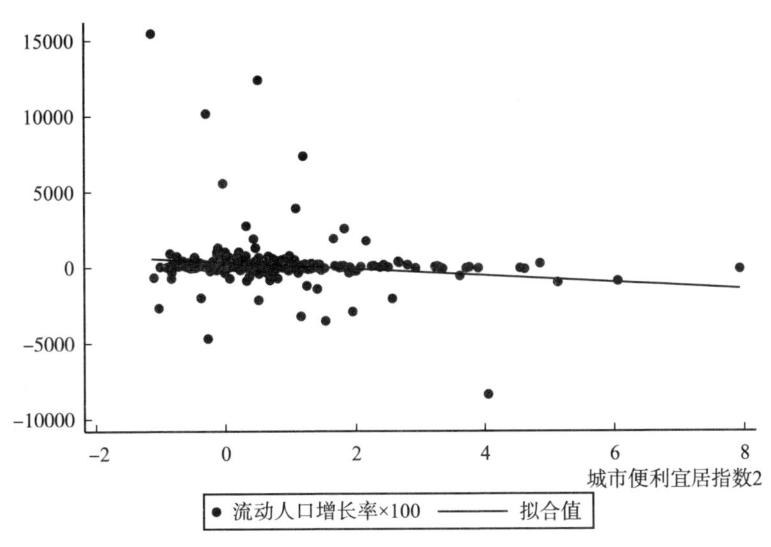

图7-4　城市便利指数2与流动人口增长率拟合关系图

不同于流动人口增长率，流动人口占总人口比重的变化反映了一个地区人口结构的变化，这种结构变化同时反映出地理单元上人口空间移动的频繁程度。两类宜居指数与地区人口结构变动的关系如图7-5和图7-6所示，图7-5的结果中，地区流动人口占总人口的比重变化与自然环境宜居程度有一定的正相关关系，而在图 7－6 中该人口比重变化与城市便利环境无显著相关关系。由此，城市便利水平与地区的流动人口增长有较弱的负相关关系，与地区的人口流动频繁程度无相关关系；自然环境宜居程度与地区的流动人口增长无相关关系，但与地区的人口流动频繁程度有一定的正相关关系。

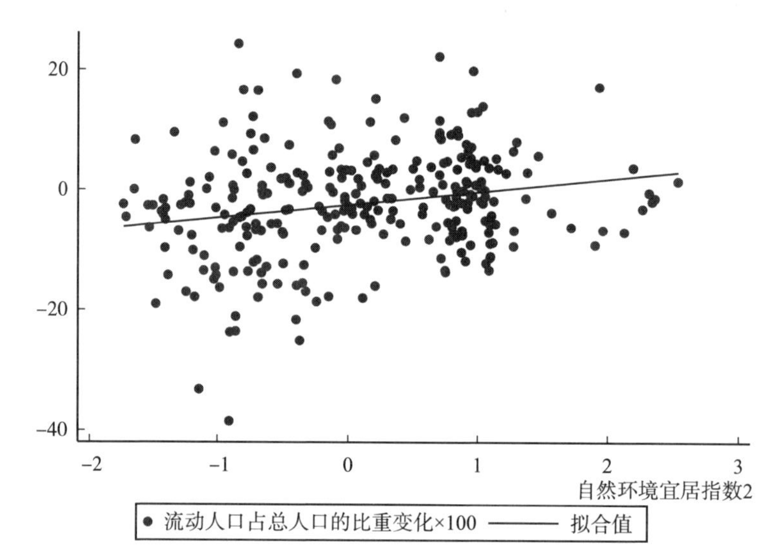

图 7－5　自然宜居指数 2 与人口结构之间的关系

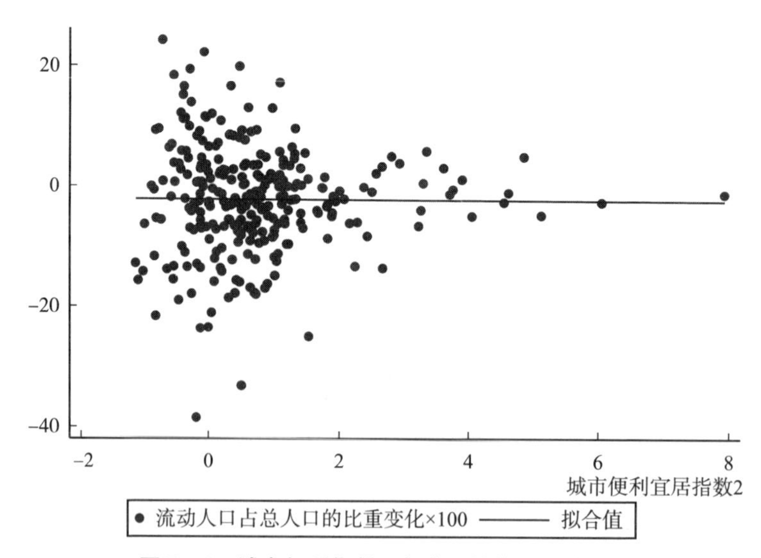

图 7－6　城市便利指数 2 与人口结构之间的关系

进一步，地区高技能从业者占所有从业者的比重变化可以看作是地区的技能升级效应，其中与上两章的实证变量定义一致，高技能劳动者被定义为受教育程度为本科及以上的25～64岁从业人员。图7－7、图7－8进一步展示了两类宜居指数与就业结构变动的关系，若高技能从业者的比重增加，则说明地区的从业者技能出现了升级。图7－7的结果中，地区的技能升级效应与自然环境宜居指数无关，而该升级效应与城市便利指数则显著正相关，且从图7－8中拟合关系线的高斜率可知这一相关性较强，该结果说明城市便利指数与地区从业者技能升级有一定的正相关关系。

总体上，图7－7、图7－8的相关性分析结果表明宜居环境因素对总体的人口增长和人口结构变动无显著影响，但其对地区的技能升级有一定的影响。其中相比之下，仅仅只有城市便利宜居环境与地区技能升级的相关性较强。该结果与本书的基本假设结论相符，即宜居环境因素对人口的影响往往集中在其对高技能劳动者的影响上，即宜居环境因素与地区的人口池无关，而与地区的人力资本池显著正相关。

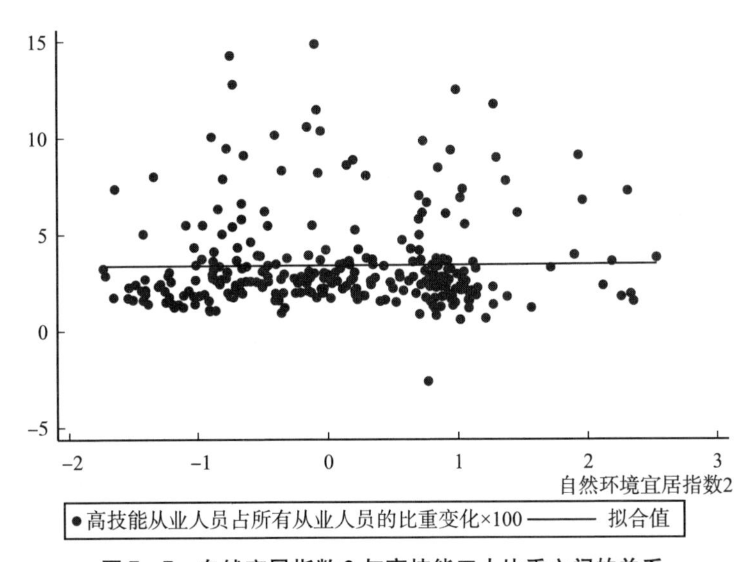

图7－7　自然宜居指数2与高技能工人比重之间的关系

注：高技能从业人员定义为学历在本科及以上的从业人员，其中高技能从业人员和所有从业人员限于年龄在25～64岁的就业人员。

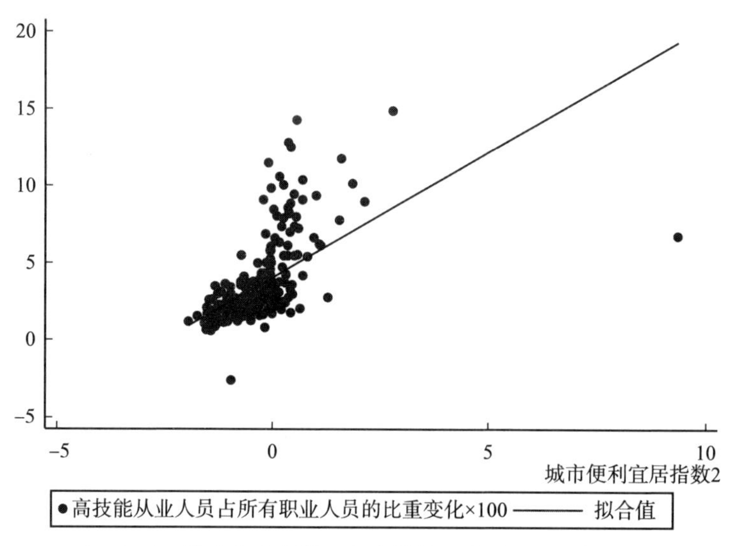

图7－8　城市便利指数2与高技能工人比重之间的关系

二、回归分析

为进一步检验宜居环境因素与人力资本池的关系，本节将建立实证模型进行探究。首先，构建计量回归模型如下：

$$\Delta y_{i,(2010-2000)} = \gamma + \beta_1 amenity_{i,2003} + \beta_2 X_{i,2000} + \varepsilon_{it} \quad (7.4)$$

其中，被解释变量 $\Delta y_{i,(2010-2000)}$ 为2000～2010年间的人口增长、就业增长，以及就业结构的变化等，运用变化值有助于控制城市层面的固定效应。解释变量包括宜居环境因素指数和控制变量等，在确定了解释变量以后，通过变换不同的被解释变量可对比出来宜居环境因素对经济地理的影响范围。与上一节的宜居变量指标设定保持一致，回归分析的宜居环境变量采用2003年的自然宜居指数2和城市便利指数2变量数据。控制变量 $X_{i,2000}$ 包括代表地区就业机会的经济发达程度、人口规模，人力资本和 industry mix。其中，industry mix 指标代表的是地区在一段时期内受到的外生需求冲击，具体其指标构建借鉴了巴蒂克（Bartik，1991）的经典方法，industry mix 计算是国家层面的就业增长率按照产业结构分配到每一个地区的就业冲击，具体计算方法如下：

$$industrymix_j = \sum_{j=1}^{k}\left[\frac{e_{ij0}}{e_{io}} \times \frac{(enx_{jt} - enx_{j0})}{ecn_{j0}}\right] \quad (7.5)$$

其中，j 表示地区，i 表示产业，0 表示基期，ecn_{j0}为 j 地区在基期 2000 年的就业人数，enx_{jt}为 j 地区在 2010 年的就业人数。从计算公式 industry mix 代表的需求冲击属于国家层面的冲击，因而其在研究中作为外生的需求冲击变量（例如，Bartik，1991；Blanchard and Katz，1997；Partridge，Rickman and Olfert et al.，2012；Rodríguez Pose and Ketterer，2012；Partridge，Rickman and Olfert et al.，2016）。由于研究的截面数据结构，本节对应的模型设定为随机效应模型，引入 industry mix 变量的目的在于控制各个地区在样本研究期间受到的外生冲击，以更好地将宜居环境因素对地区人力资本池的影响鉴定出来。基于数据可得性，控制变量 $X_{i,2000}$采用了 2000 年的数据。

当分别以不同的变量变化作为被解释变量时，表 7－2 汇报了新的回归结果。其中，第（1）~（2）列汇报了以地区流动人口比重的变化作为被解释变量的回归结果；第（3）~（4）列汇报了来自外省的流动人口比重的变化作为被解释变量的结果；第（5）~（6）列汇报了以高技能从业人员比重变化作为被解释变量的结果；第（7）~（8）列则汇报了以总人口增长率作为被解释变量的结果。

首先，从模型的拟合优度 R^2 值可知，在第（1）~（6）列中以结构变量为被解释变量的模型整体拟合优度要高于以第（7）~（8）列中以人口增长率为被解释变量的模型拟合优度，说明本节提出的线性实证模型及变量设计更适用于解释地区人口结构或者就业结构的变化。

其次，第（1）~（2）列中以流动人口比重变化为被解释变量的回归结果中，自然宜居指数的影响显著为负，表明在其他条件不变的情况下，自然环境相对宜居的地区的流动人口的比重有下降趋势。在我国，一些西北地区例如云南、四川、新疆、广西等地区的自然环境质量很好，但这些地区的流动人口数量相比沿海地区要少很多，一部分原因来自地区文化习俗的约束，另一个可能的原因在于这些地区经济条件相对不发达，流出的人口多，而流入的人口较少，导致流动人口总数不高。相比之下，城市便利指数的系数不显著。从控制变量的影响来看，其他条件不变时，人口规模越大的地区流动人口比重越低；经济越发达的地区流动人口比重越高。外生需求冲击对流动人口比重影响则显著正相关。以上结果综合表明，地区流动人口比重的提升主要归因于地区的经济发展水平以及外生就业冲击，地区的自然宜居条件对吸引外来人口无显著作用。

表7－2　　宜居环境对人口池和人力资本池的影响

被解释变量	(1) Δ流动人口/总人口×100	(2) Δ流动人口/总人口×100	(3) Δ外省流动人口/总人口×100	(4) Δ外省流动人口/总人口×100	(5) Δ拥有大学及以上学历人员/所有职业人员	(6) Δ拥有大学及以上学历人员/所有职业人员	(7) 总人口增长率×100	(8) 总人口增长率×100
自然宜居指数2	－2.079*** (－3.656)		0.590 (1.305)		－0.132 (－0.968)		6.642 (1.303)	
城市便利指数2		－0.849 (－1.181)		－0.892 (－1.594)		0.418** (2.501)		－0.411 (－0.114)
人口规模	－0.436* (－1.849)	－0.759*** (－3.159)	0.210 (1.121)	0.198 (1.062)	－0.230*** (－4.058)	－0.207*** (－3.704)	－1.515 (－1.266)	－0.770 (－0.639)
经济水平	3.275*** (5.921)	3.543*** (5.564)	3.860*** (8.773)	4.248*** (8.579)	0.816*** (6.153)	0.639*** (4.320)	6.252** (2.228)	6.678** (2.092)
industry mix	52.489*** (2.662)	78.057*** (3.696)	14.917 (0.951)	19.982 (1.217)	37.243*** (7.880)	33.730*** (6.870)	97.683 (0.976)	49.992 (0.472)
常数	－5.615*** (－5.958)	－6.133*** (－5.416)	－4.555*** (－6.077)	－5.351*** (－6.077)	2.239*** (9.912)	2.599*** (9.873)	5.128 (1.073)	4.180 (0.736)
N	282	282	282	282	282	282	282	282
R^2	0.308	0.278	0.388	0.390	0.519	0.528	0.054	0.035
F	30.804	26.678	43.918	44.258	74.858	77.615	3.920	2.549
p	0.000	0.000	0.000	0.000	0.000	0.000	0.004	0.040

注：圆括号内为回归系数的t统计值；***、**、*分别表示估计系数在1%、5%、10%的水平上显著。

当地的流动人口既包括同一省份内跨地级市流入的人口，也包括从外省流入的人口。从物理迁移成本和心理迁移成本来看，跨省迁移比同省迁移的迁移成本更高，说明外省流入的人口受到地区吸引力更大才有动力跨省迁移，由此，若一个地区外省流动人口比重较大，说明该地区对人口的吸引力更大。第（3）~（4）列的回归结果中，人口的跨省迁移总体上受到经济因素的影响较大，尤其是地区的就业机会，而宜居环境因素的影响并不显著，得出这一结论基于回归结果中只有地区经济发达程度的系数显著为正，其他变量均不显著。

进一步，当被解释变量为地区高技能从业者占所有从业者的比重变化时，表7-2中第（5）~（6）列的结果表明，高技能从业者的比重不仅受到地区宜居程度的显著为正的影响，还受到地区的经济发达水平，外生需求冲击的正影响。由于地区高技能从业者比重的变化反映出地区人力资本池的扩大，实证结果也可以理解为地区的人力资本池与城市便利水平，经济机会和外生冲击力度显著正相关。相比之下，地区的人力资本池受到自然宜居环境因素影响不显著，受到城市便利宜居特征的影响显著为正，这一结果表明城市便利宜居因素在吸引高技能劳动者和推动地区技能升级中发挥的作用较大，相比之下，自然宜居环境因素的重要性较小。由此，不同于对区域人口迁移的影响，宜居环境因素对高技能人口的区位选择有显著为正的影响，这一结论与前文实证结论以及本书提出的基本假设相符。

最后，从表7-2第（8）~（9）列以总人口增长率作为被解释变量的结果来看，地区自然宜居环境因素和城市便利特征对区域总人口增长率均无显著影响，这一结论与相关性分析结论保持一致。相比之下，显著影响地区人口增长的因素仅为地区的经济发达程度，即地区的就业机会因素。

以上结果对比说明“就业机会学说”更能解释中国2000~2010年的人口地理变化特点。相比之下，“宜居环境学说”仅仅在解释地区人力资本池的扩大，且两类宜居因素相比，地区人力资本池的扩大仅仅受到城市便利特征的影响。这一结果也间接检验了本书提出的基本研究假设，即宜居环境因素仅仅对一小部分人口即高技能劳动者的增长中有显著影响。

考虑到表7-1中地区的高技能劳动者比重变化可能受到初期水平的较大影响，表7-2补充了更多的以高技能劳动者就业比重作为被解释变量的回归结果，以验证表7-2结果的稳健性。首先，相比表7-1的第（5）~（6）列结果对应的实证模型，表7-2的实证模型中加入了2000年初期的地区高技能劳动者总量变量sharecoll2000，此外，表7-2的第（2）列模型相比第（1）列模型增加了自然宜居指数的控制变量。结果表明，基期2000年的人力资本存量对地区技能升级有显著为正的影响，说明地区的技能升级存在较强的路径依赖。事实上，格莱泽、科尔科和赛兹（Glaeser，Kolko and Saiz，2001）和博施马和弗里奇（Boschma and Fritsch，2009）指出，高技能人才聚集本身也是一种宜居环境因素，因为人才聚集地的社会问题往往较少，并有较好的教育设施和服务，从而地区较大的人才总量有助于吸引更多人才，这一观点间接表明地区的人力资本增长呈现区域发散的规律，本书基于中国城市的高技能劳动者增长数据也支持这一观点。

其次，在包括了城市便利指数的模型中加入了自然宜居环境因素作为控制变量结果表明，城市便利环境对地区技能升级的影响仍然显著为正，但自然环境宜居环境对地区技能升级的影响则显著为负。一个可能的原因为地区自然环境因素并未能显著吸引人才，相反自然环境好的地区由于经济发展相对落后，总体地区技能升级较慢。总体上，自然宜居特征与城市便利特征对地区技能升级的影响对比凸显出城市便利特征对于地区高技能劳动力人口更加重要（见表7-3）。

表7-3　宜居环境对地区人力资本池的影响

被解释变量	(1) Δ拥有大学及以上学历人员/所有职业人员（25~64岁）	(2) Δ拥有大学及以上学历人员/所有职业人员（25~64岁）
自然宜居指数2	-0.149* (-1.761)	-0.154* (-1.814)
城市便利指数2		0.043* (1.675)
2000年的人力资本	0.874*** (17.181)	0.871*** (17.553)
经济水平	0.600*** (5.814)	0.595*** (6.305)
人口规模	-0.042 (-0.981)	-0.033 (-0.766)
industry mix	0.198 (0.049)	-0.472 (-0.119)
常数	1.210*** (5.886)	1.191*** (6.074)
N	282	282
R^2	0.774	0.774
F	156.731	156.950
p	0.000	0.000

注：圆括号内为回归系数的t统计值；***、**、*分别表示估计系数在1%、5%、10%的水平上显著。表7-3汇报的是随机效应结果。

已有的研究指出，除了不同技能水平的人口受宜居环境因素影响有区别，不同年龄阶段的人口在进行区位选择时受到宜居环境因素影响的程度也存在差异。例如，基于西方发达国家样本的研究表明，年老的退休人群偏好自然环境宜居的地区，而年轻的大学毕业生则偏好就业机会较多的地区（Graves，1979；Chen and Rosenthal，2008）。为了验证不同年龄段人口受到宜居环境因素的影响是否存在差异，本书分别以主要劳动力比重变化和退休人口比重变化作为被解释变量，以宜居因素和其他经济因素和外生冲击 industry mix 作为解释变量，表 7－4 中分别列出了对应的实证回归结果。其中第（1）～（2）列模型以主要劳动力人口比重变化作为被解释变量，而第（3）～（4）列模型以退休人口比重变化作为被解释变量。具体来说，主要劳动力对应为年龄在 25～64 岁的人口，退休人口对应为 65 岁以上年龄的人口，以年龄结构的变化作为被解释变量，例如，Δshare65 代表的是 65 岁及以上人口比重在 2000～2010 年的变化。表 7－4 的实证结果表明，不同年龄群体的人口比重变化受不同因素的影响存在多方面的差异，表现为：

表 7－4　　宜居环境对地区不同年龄段人口增长的影响

被解释变量	(1) Δshare2564	(2) Δshare2564	(3) Δshare65	(4) Δshare65
自然宜居指数 2	1.255*** (5.298)		−0.113 (−1.426)	
城市便利指数 2		0.359* (1.939)		−0.170*** (−2.880)
人口规模	−0.122 (−1.100)	−0.272** (−2.426)	−0.112*** (−3.000)	−0.118*** (−3.316)
经济水平	0.132 (0.517)	0.316 (1.163)	−0.435*** (−5.075)	−0.494*** (−5.704)
industry mix	10.032 (1.114)	15.745* (1.687)	3.174 (1.051)	3.592 (1.209)
常数	3.371*** (7.473)	3.480*** (6.578)	2.992*** (19.766)	3.185*** (18.904)
N	282	282	282	282
R^2	0.130	0.054	0.183	0.201

续表

被解释变量	(1) Δshare2564	(2) Δshare2564	(3) Δshare65	(4) Δshare65
F	10.325	3.984	15.486	17.388
p	0.000	0.004	0.000	0.000

注：圆括号内为回归系数的 t 统计值；***、**、* 分别表示估计系数在 1%、5%、10% 的水平上显著。

第一，主要劳动力人口增长受到地区自然宜居环境因素和城市便利特征的影响均显著为正；而退休人口增长与地区的城市便利水平显著负相关，这一结果表明，退休人口在城市生活成本相对较低的地区增长较快。

第二，主要劳动力人口增长没有受到地区经济发达程度的显著影响，而退休人口增长受到地区经济发达程度的影响显著为负，表明退休人口在经济相对不发达，生活成本相对较低的城市较多。相比之下，主要劳动力的人口增长与地区“宜居程度”显著正相关。

第三，主要劳动力的人口增长受到 industry mix 的显著影响，而退休人口增长则不受此影响，这一结果与前面两点的差异互为补充，总体上结果表明地区主要劳动力的增长受到外生需求冲击以及当地的宜居条件影响较大，而退休人口在生活成本低，相对不宜居的地区增长较快。本章的这一发现与过去的以美国为研究对象的结论保持一致（Graves，1979；Chen and Rosenthal，2008；Brown and Scott，2012）。

我国的大城市以青年群体居多。过去三十多年，我国经济在实现经济转型的过程中，大量农村年轻劳动力流入城市，而年老的人口则留在家乡发展，以上主要劳动力群体容易受到宜居环境影响而年老人口则不受此影响的结果也是我国城乡现象的典型事实体现。此外，地区主要劳动力人口比重的提高受到地区城市便利环境的影响，这一结果从侧面揭示出城市的便利设施吸引着农村的主要劳动力流入城市，这与我国出现的“逃回北上广”现象背后的机制是一样的。进一步，地区总人口增长率不受城市便利环境的影响，表明地区城市宜居环境以影响主要劳动力的区位选择为主，尤其是高技能劳动者的区位选择。

给定地区创新劳动者的劳动生产率和物质资本投入产出率不变时，地区的宜居环境因素还可能通过吸引人力资本和促进集聚经济的方式来促进区域创新。与前两节不同的是，该小节分析基于的是一种动态的观察视角。提高地区的宜居环境水平有助于留住和吸引更多高技能劳动者，地区的人力资本投入增加，有利于更多创新产出的实现。此外，宜居环境因素吸引高技能劳动者的流入也同时促进了地区的集聚经济水平，在其他条件不变的情况下，集聚经济程度的提高同样有利于创新产出的提升。

安虎森和何文（2013）指出，若一个地区宜居环境不够良好，代表着人力资本的高层次的人才将会缺乏在这里工作并生活的兴趣；通过对北京市流动人口迁移动机分析，赵占华（2014）也总结到，随着各地人口经济生活水平的好转，越来越多的北京流动人口开始从过去单一的工资收入追求向包括"前途""机会""社会氛围""生活便利"等多元化利益需求导向转变，可见中国的流动人口不仅仅基于经济利益和生存的目的外出，也可能基于一种对生活方式和生活质量的追求。进一步，温婷、林静和蔡建明等（2016）研究表明城市宜居水平对人才具有特别的吸引力，表现为综合城市舒适性水平与净迁入人才的相关性比城市综合舒适性水平与净迁移人口之间的相关性更高、更显著。

由此可知，宜居环境因素作为人口增长尤其是高技能劳动者人口增长的重要吸引力，有助于扩大地区的人力资本池。其中人力资本池密度的提高还可以促进集聚经济，刺激创新知识外溢，有助于产出更多创新。此外，地区的人力资本池还代表了一个地区吸收新知识的能力，给定其他条件，扩大地区的人力资本池有利于更多外界的信息的吸收和消化。同时，人力资本池达到一定规模时，还可以进一步发挥"劳动力市场效应"（thick market effects），吸引更多的相关专业人才流入。

提高地区的宜居程度还有助于提高城市竞争力，促进城市经济发展，而经济发展为创新实现提供了更好的物质资本基础。例如，格莱泽、科尔科和赛兹（Glaeser，Kolko and Saiz，2001）对城市经济增长和人口增长的分析表明，均衡路径下的相对宜居的城市经济发展和人口发展速度更快，地租增长速率也远高于工资增长速率。

总体上，随着收入水平的提高，人口流动，尤其是创新劳动者的空间流动将呈现出愈来愈明显的"宜居环境迁移"趋势，从而宜居环境因素有利于为地区留住和吸引更多创新劳动者，扩大地区的人力资本池，并进一步促进集聚经济，由人力资本池扩大带来的正效应无疑为区域创新发展创建了非常有利的条件。

第六节　结　　论

本章进行的主要工作是实证研究宜居环境因素对区域创新影响的渠道，渠道分析也可以看作是第四章理论分析的一个检验。此外，渠道分析有助于深入理解宜居环境因素对区域创新增长的影响机制。由于个体行为和企业行为的微观行为在本书的数据中无法直接观测出来，本书选择了实证检验宜居环境因素对区域创新四种可能影响渠道进行探究。渠道分析的结果表明，存在四种宜居环境因素对区域创新的影响渠道，分别为宜居环境因素促进人力资本转化为创新的效率、宜居环境因素促进物质资本转化为创新的效率、宜居环境因素有助于扩大集聚经济的正外部效应以及扩大地区人力资本池四种渠道。研究结果同时表明，两类宜居环境因素中，城市便利因素对创新系统效率的影响更为突出，这一结果引申出来的含义为地区创新工人的工作努力程度及劳动生产率为受城市便利性因素影响更大。

为了对比出宜居环境因素与人力资本池的关系，本章同时进行了宜居环境因素与人口池以及就业池关系的研究，研究结果表明：第一，地区总人口增长率和就业增长率均不受宜居环境影响。第二，地区的流动人口增长率不受宜居环境影响，表明宜居环境因素在解释地区间人口迁移中作用不大。第三，地区的宜居环境因素与地区的人力资本池有显著正相关的关系，即地区人力资本池的扩大受到宜居环境因素显著为正的影响，这一结果揭示出地区宜居环境因素对高技能工人有显著吸引力，与基本假设一致。第四，地区人口增长率、流动人口增长率、地区技能升级均与地区经济发达程度有关，而经济越发达意味着更多的就业机会，由此中国2000～2010年的人口增长、就业增长更多是追求“就业机会”的结果。第五，地区人力资本池的扩大存在路径依赖特点，高技能工人的集聚构成了一种宜居因素。从结果中可总结得出宜居环境因素更多影响的是地区的人力资本池而不是地区的总人口池和就业池，表明社会中仅仅小部分人口即高技能工人的区位选择受到宜居环境因素的显著影响，这一基本假设成立。

第八章　空气质量对区域创新的影响分析

前文理论分析指出，空气质量与自然环境质量有关，与城市便利程度有关，其对区域创新的影响显著为正。实证结果的单因素分析中，唯有空气质量对区域创新产出的影响是显著且稳健的，表明空气质量是影响创新活动的关键宜居环境变量。过去四十多年，中国实现了快速的工业化和城市化进程，然而城市化的副产品之一——空气污染，也变得日益普遍和严重。世界卫生组织（WHO）制定的空气质量健康标准为空气污染物含量不超过12微克/立方米，根据美国国家航空航天局（NASA）公布的数据，2014年，美国PM2.5污染物年平均浓度最高的地区为10微克/立方米，而这一指标在中国是46.47微克/立方米，超出了世界健康标准的两倍。将API大于100的天数作为空气污染天数，北京大学的一项空气质量评估报告发现，2003~2015年，北京76%的天数属于“空气污染”天数。居民长期暴露在空气污染的环境中，其身体健康将受到损害，其日常生活质量也将被降低，例如，空气质量严重的时候，居民在户外活动不得不戴口罩①，这在一定程度上影响了他们的户外活动范围和频率。

作为地理和人口大国，中国不同城市间空气质量存在较大差距，这一差距主要发生在2000年以后。例如，以PM2.5作为空气污染的指标，1998年中国大多数城市的空气质量较好，中国南北地区空气质量差距主要出现在21世纪初期，且这一差距随时间推进逐渐放大。2008~2016年，空气污染物主要集中在一些经济活跃的南方大都市如上海、南京、无锡和宁波等以及一些中部城市。相比之下，中国西部偏远和北部地区的城市空气质量相对较好。

关于空气污染的负面影响，已有的研究进行了较多的讨论，其中大部分

① 资料来源：中国疾病预防控制中心网站，http：//www.chinacdc.cn/jkzt/hjws/kqwr/201712/t20171207_156241.html。

都集中于空气质量对人类健康和生产率的影响上（Brunekreef and Holgate，2002；Chay and Greenstoe，2003；Bayer et al.，2009；Matus et al.，2012；Chen et al.，2013；He et al.，2016；Lichter et al.，2017；He et al.，2017；Gehrsitz，2017），分析空气质量对区域创新影响的研究并不多。迄今为止，仅有林等（Lin et al.，2020）和刘等（Liu et al.，2020）探讨了中国背景下空气质量对研发投资和技术创新的影响，研究发现空气质量与区域创新之间存在着显著负相关关系，与以上研究基于创新价值链的角度和省级层面数据不同，本书从知识生产函数和地级市层面数据探究空气质量与区域创新地理之间的关系。作为世界上最大的国家之一，中国城市之间的地理异质性很大，有必要从更细维度来研究中国区域创新特点。考虑到中国在特定时期出现的严重空气污染事实，空气质量是地区宜居环境的重要构成部分，也是知识工作者区位选择和劳动生产率空间差异的重要决定因素（Rodríguez - Pose and Ketterer，2012），本书提出空气质量是影响中国城市创新地理的重要因素的研究假设。

第一节　政策背景

空气质量因素的特殊性还体现在其存在潜在的内生性问题。正如第五章关于模型估计方法的讨论指出，空气质量因素可能并不能作为完全外生的自然环境宜居因素，原因在于空气污染与人类的生产生活活动紧密相关。虽然本书认为知识密集型的创新活动与劳动密集型产业不同，其活动本身一般不会产生空气污染，存在反向因果关联可能性低，但空气污染容易与误差项中的需求关联，尤其空气污染容易受到地区需求冲击的影响。当模型中遗漏了与空气质量相关的天气、行业结构等变量，空气质量变量的估计结果也会出现偏差。为克服潜在的内生性问题，已有研究经常采用的办法是引入与空气质量无关的政策作为模型外生冲击，并采用双重差分法（DID）或者断点回归法（RD）来估计实证模型（Bayer et al.，2009；Almond et al.，2009），相关的外生政策有驾照限行（Viard and Fu，2015）、高速公路收费政策（Fu and Gu，2017）等。

本书引用中国的集中供暖政策来作为空气质量的工具变量。具体，在20

世纪50～80年代的计划经济时期，中国政府在其北方地区实施了集中供暖计划，为穿过秦岭和淮河的分界线以北地区提供供暖管道基础设施并提供集中供暖补贴（Chen et al.，2013），实现了北方的建筑物和家庭冬季的集中供暖。由于中国南方地区在冬季相对温暖且预算有限，中央供暖计划没有覆盖中国中部和南方城市（Almond et al.，2009）。进入到市场经济时期之后，中国北方的集中供暖政策得以保留和继续实施。鉴于中国秦岭以北和淮河以北的建筑物和住宅冬季可以使用集中供暖，中国后来将这一集中供暖的边界线作为划分中国南北方地区的分界线。在中国北方，为了实现集中供暖，其在冬季不得不使用大量燃煤，其对应的副产品空气污染物也相应增多。基于此，集中供暖政策（也称为“淮河政策”）是淮河线周围空气质量出现不连续性的重要原因。此外，根据阿尔蒙德等（Almond et al.，2009）和钟（Chung，2019）的分析，中国集中供暖线以北的城市总悬浮颗粒物（TSP）和PM2.5颗粒物浓度的标准偏差更高，说明集中供暖政策是造成中国南北方空气质量差距的重要原因之一（Qiu and Yang，2000；Fan et al.，2004；Almond et al.，2009；Chen et al.，2013）。考虑到中国在北方地区的集中供暖计划与其地区创新活动无关，本书假定中国南北地区之间的空气质量不连续性外生于城市的创新活动[①]，并将这一集中供暖政策引入作为空气质量的工具变量，以此来识别空气质量与地区创新产出的因果关系。

第二节　模型、变量和数据

城市的创新产出是多种投入的组合。基于前文理论回归，本书的基准回归模型设定如下：

$$PM2.5_{it} = \alpha_0 + \alpha_1 North_i + \sum \alpha_k X_{kit} + \varepsilon_i \tag{8.1}$$

$$Y_{it} = \beta_0 + \beta_1 PM2.5_{it} + \sum \beta_k X_{kit} + \varepsilon_i \tag{8.2}$$

其中，$PM2.5_{it}$表示t年城市i的PM2.5污染物年平均浓度；$North_i$为虚

① 地理特征有可能不完全外生于创新，例如，集中供暖线上方和下方城市的一些天气条件例如温度和降水以及农作物存在很大差异，秦岭的海拔高度可以防止污染吹过线，这些因素将会对地区创新产生影响。即使存在上述差异，也无法证明集中供暖线的划分与同时期的创新活动有关。

拟变量，当 i 城市位于集中供暖线以北（约北纬 32.9°）时，该变量取值为 1，否则取值为 0。X_{kit}代表系列控制变量；Y_{it}为城市 i 在 t 年的创新能力，本书用人均专利申请量来衡量。

开展创新活动的地域环境对地区的创新能力至关重要，本书的系列控制变量包括（1）自然地理和距离因素，该因素决定了创新增长的知识在区域间的传递速度（Agrawal et al.，2008；Rodríguez - Pose and Crescenzi，2008），在模型中加入这一因素有助于控制该城市与中国最发达的东部沿海地区的接近程度，本书该因素的代理指标为城市中心经度；（2）地区经济发达程度，这一因素反映出地区的可用知识量及其与技术前沿的距离（Fagerberg，1988），本书采用的代理指标为地区人均 GDP；（3）经济集聚程度，经济活动集聚产生的外部性是创新的催化剂（Calino and Kerr，2015），经济活动的聚集有利于新思想的产生，与已有研究保持一致（Ke，2010），本书采用人口密度指标来衡量；（4）人口规模，城市的专利创新往往与其人口规模正相关（Bettencourt et al.，2007），在模型中加入这一因素有助于控制市场规模对城市创新潜力的影响；（5）产业结构，城市也可能“受益于支持创新的有利产业组合”（Capello et al.，2012），本书运用城市第二产业就业比重来衡量产业结构；（6）研究机构和大学，研究结构和大学的技术人员是创新产出基地，研究机构的完善对于提高自主创新能力有重要积极作用（Shang et al.，2012），本书采用的代理指标为地区人均大学数量和地区人均大学教师数量。

本书专利包括发明专利、实用新型专利和外观设计专利等三个专利子类型，其数据来源于中华人民共和国国家知识产权局。PM2.5 年浓度数据来自范东克拉尔等（Van Donkelaar et al.，2016）。现有研究广泛采用中国环境保护部发布的空气污染指数（API）、PM10 和 PM2.5 等指标来衡量城市层面空气污染程度，然而 API、PM10 等指标数据覆盖城市范围较少，例如，2000 年的 API、PM10 的数据仅覆盖 72 个城市，2014 年增加到 190 个，但依然未能覆盖中国绝大部分地级市；PM2.5 指标数据则仅在 2014 年及以后可得。此外，有研究结果质疑中国官方公布的 API 和 PM10 数据的可靠性（Andrews，2008；Chen et al.，2012；Ghanem and Zhang，2014）。基于以上数据的局限性，本书借鉴范东克拉尔等（Van Donkelaar et al.，2016）的城市层面的年平均 PM2.5 数据来衡量中国地级市空气污染程度，该数据由美国国家航空航天局（NASA）通过卫星获取的全球年度 PM2.5 网格数据整理而得，数据相对可靠；此外，范东克拉尔等（Van Donkelaar et al.，2016）的空气质量数据覆盖中国所有地级市 2000 年及其以后年份。

除此之外，本书计算出每个城市中心到集中供暖线的距离①，城市人口、非农业人口、制造业就业比重、城市人口密度、人均大学、人均大学教师数量、人均 GDP、FDI，城市就业密度和科学技术支出比重等控制变量数据来自《中国城市统计年鉴》。以上数据构成了本书 2000～2014 年的面板数据，具体变量的描述性统计如表 8－1 所示。

表 8－1　　描述性统计结果

变量	观察值	平均值	标准差	最小值	最大值
非农业人口	2414	113.0565	111.2436	15.16	986.16
第一产业的就业人口比重	2312	0.1622	0.0657	0.0561	0.5248
城市人口密度	2329	510.9789	269.9719	51	2084
人均 GDP（元）	1224	8237.7480	8717.8450	1483	65412
高校职工数量（万人）	2329	0.2037	0.4353	0	3.05
高校数量	2329	4.5182	7.4518	0	43
人均高校数量	2312	0.0301	0.0260	0	0.1410
人均高校职工数量	2312	0.0011	0.0012	0	0.0056
北方	2448	0.4722	0.4993	0	1
经度	2448	113.8723	5.2525	101.7667	122.4028
人均发明数量（1000 个/人）	2123	0.1099	0.3808	0	5.0610
人均实用新型数量（1000 个/人）	2123	0.2154	0.5025	0	4.7075
人均外观设计数量（1000 个/人）	2123	0.1506	0.5599	0	11.3713
人均专利数量（1000 个/人）	2123	0.4759	1.3070	0	18.8270
年均 PM2.5 浓度	2448	50.4215	15.1328	7.2	105.1

① 一个城市到供暖线的具体距离计算方法为：计算城市中心坐标与中央供暖线（32.9°N）之间的欧几里得距离。

本书将采用普通最小二乘（OLS）来估计模型（8.1），采用两阶段最小二乘（2SLS）方法来估计模型（8.2）。通过回归模型（8.1），可检验工具变量——“淮河政策”的有效性。判断淮河政策是否为好的工具变量的核心在于观察其是否可以捕捉到南北城市间的空气质量差异。考虑到中国南北地区的条件差异，本书仅包括距离集中供暖线位置5个纬度范围内（27.9°N～37.9°N）的城市。

第三节　实证结果分析

一、OLS结果

在不考虑内生性问题的情况下，表8－2汇报了以城市人均专利作为被解释变量，以城市中心经度和其他变量作为解释变量的回归结果。从表8－2的回归结果可知，城市中心经度变量显著为正，表明城市的地理位置是决定地区创新产出的重要决定因素。为检验变量之间是否存在显著的相关性，表8－3和表8－4分别汇报了OLS回归结果中控制变量的方差膨胀因子结果和模型解释变量的相关系数结果。其中，表8－3中自变量之间的方差膨胀因子均小于10，表明实证模型中的控制变量间不存在显著的自相关关系。表8－4的变量相关性系数中，城市中心经度与人口密度变量间的相关性较高，人均GDP与人口密度变量相关性较高，人均高校数量与人均高校职工数量高度相关，除此之外，其他变量的相关性并不高。整体而言，本书实证回归模型不存在较大的多重共线性问题。

表8－2　OLS回归结果

变量	(1) 人均专利量	(2) 人均发明专利量	(3) 人均实用新型专利量	(4) 人均外观设计专利量
城市中心经度	0.000*** (0.000)	0.000*** (0.000)	0.000*** (0.000)	0.000*** (0.000)

续表

变量	(1) 人均专利量	(2) 人均发明专利量	(3) 人均实用新型专利量	(4) 人均外观设计专利量
非农业人口	-0.000 (0.000)	-0.000 (0.000)	-0.000 ** (0.000)	0.000 (0.000)
第二产业就业比重	0.001 *** (0.000)	0.000 *** (0.000)	0.001 *** (0.000)	-0.000 (0.000)
人口密度	0.000 (0.000)	-0.000 (0.000)	0.000 (0.000)	-0.000 (0.000)
人均 GDP	0.000 *** (0.000)	0.000 *** (0.000)	0.000 *** (0.000)	0.000 *** (0.000)
人均高校数量	-0.001 (0.002)	-0.001 (0.001)	-0.001 ** (0.001)	0.001 (0.001)
人均高校职工数量	-0.186 ** (0.083)	-0.035 (0.023)	-0.026 (0.025)	-0.126 *** (0.043)
常数	-0.004 *** (0.001)	-0.001 *** (0.000)	-0.001 *** (0.000)	-0.002 *** (0.000)
时间固定效应	Yes	Yes	Yes	Yes
观察值	996	996	996	996
R^2	0.386	0.352	0.372	0.306
F 值	12.79	9.157	11.92	8.880
RSS	0.00127	0.000110	0.000157	0.000300

注：回归方程为上海市单独设置了虚拟变量并加以控制，括号内汇报稳健标准差，***、**、*分别表示变量系数在1%、5%、10%的水平上显著。

表 8-3　控制变量的方差膨胀因子（VIF）结果

变量	VIF	1/VIF
城市中心经度	1.99	0.50
非农业人口	3.39	0.29
第二产业就业比重	1.22	0.82
人口密度	2.99	0.33

续表

变量	VIF	1/VIF
人均 GDP	2.33	0.43
人均高校数量	5.28	0.19
人均高校职工数量	6.63	0.15

表 8-4　　　　解释变量的相关系数

变量	(1)	(2)	(3)	(4)	(5)	(6)	(7)
(1) 城市中心经度	1						
(2) 非农业人口	0.181	1					
(3) 第二产业就业比重	0.064	0.098	1				
(4) 人口密度	0.334	0.547	0.087	1			
(5) 人均 GDP	0.121	0.603	0.151	0.406	1		
(6) 人均高校数量	0.054	0.248	0.113	-0.003	0.328	1	
(7) 人均高校职工数量	0.028	0.432	0.126	0.18	0.444	0.852	1

二、IV-2SL 回归结果

如前所述，将空气质量因素纳入模型并作为核心解释变量时，实证模型存在潜在的内生性问题。据此，本书在实证模型中引入集中供暖政策作为地方空气污染变量的工具变量。为判断工具变量的有效性，表 8-5 列出了以 PM2.5 年均浓度作为被解释变量，其他控制变量作为解释变量的回归结果。从回归结果中可知，淮河政策变量系数为正且在 1% 的水平上显著，表明中国南方城市空气质量显著优于南方城市，这一结果表明淮河政策作为空气质量工具变量的相关性假设满足。

表 8-5　　　　集中供暖政策对空气污染影响的回归结果

变量	PM2.5 年均浓度
淮河线以北地区	6.203*** (0.861)

续表

变量	PM2.5 年均浓度
常数项	52.590*** (0.613)
观察值	996
R^2	0.050
F	51.90
RSS	183482

注：研究样本城市为集中供暖线 5 个纬度内（27.9°N ~ 37.9°N）的城市。括号内为稳健标准差；*** p < 0.01、** p < 0.05、* p < 0.1。

表 8-6 列出了以城市人均专利作为被解释变量，以集中供暖政策作为空气污染变量工具变量的 2SLS 回归结果。为探究不同时期空气污染物对创新活动的影响，以 2008 年的经济危机为时间节点，本书将研究时期分为 2000 ~ 2006 年（经济萧条之前）、2007 ~ 2009 年（经济萧条期间）和 2010 ~ 2014 年（经济萧条之后）等三个子时期，回归结果分别如表 8-6 第（2）~（4）列所示。表 8-6 的回归结果中，空气污染变量的系数显著为负，表明空气污染与当地创新活动显著负相关。具体，其他条件不变的情况下，空气中污染物每增加 1 个单位，地区人均专利申请将减少 0.5 个单位。比较三个子时期 PM2.5 变量系数大小，可以发现空气污染的负面影响有时间放大效应。此外，城市的其他经济和结构特征，如第二产业的就业比重、城市人口密度和人均财富水平与地方创新强度均显著正相关。相比之下，到集中供暖线的距离、城市人口规模和高校教师数量等变量的系数不显著，说明地理、市场规模、高校等因素对地区创新能力的影响相对较弱。

表 8-6　　空气污染对区域创新的影响

被解释变量	(1) 人均专利数量	(2) 人均专利数量	(3) 人均专利数量	(4) 人均专利数量
	2000 ~ 2014 年	2000 ~ 2006 年	2007 ~ 2009 年	2010 ~ 2014 年
年均 PM2.5 浓度	-0.042*** (0.015)	-0.014*** (0.004)	-0.060** (0.031)	-0.082** (0.039)

续表

被解释变量	(1) 人均专利数量	(2) 人均专利数量	(3) 人均专利数量	(4) 人均专利数量
	2000～2014年	2000～2006年	2007～2009年	2010～2014年
城市中心经度	0.019* (0.010)	0.001 (0.003)	0.008 (0.017)	0.065*** (0.020)
非农业人口	-0.000 (0.000)	-0.000 (0.000)	-0.000 (0.001)	0.000 (0.001)
第二产业就业比重	1.555*** (0.436)	0.921*** (0.140)	1.377** (0.551)	2.151** (0.840)
人口密度	0.001** (0.001)	0.000*** (0.000)	0.002** (0.001)	0.003* (0.002)
人均GDP	0.000*** (0.000)	0.000** (0.000)	0.000* (0.000)	0.000*** (0.000)
人均高校数量	-0.032 (2.325)	-0.876 (0.662)	2.057 (4.126)	1.755 (6.660)
人均高校职工数量	-248.385*** (81.832)	4.484 (16.844)	-140.419 (102.693)	-707.755*** (188.581)
时间固定效应	Yes	Yes	Yes	Yes
观察值	996	460	201	335
R^2	0.338	0.226	-0.476①	0.633
F值	12.69	14.05	9.813	91.04
RSS	1369	14.96	86.09	654.7
第一阶段结果				
淮河线以北的地区	4.7216*** (0.7422)	4.4585*** (1.1314)	5.1034*** (1.351)	4.6461*** (1.4053)
F值（包括控制变量）	40.46	15.53	14.27	10.93

注：研究样本城市为距离淮河边界5个纬度范围内（27.9°N～37.9°N）的城市；括号内汇报稳健标准差；***、**、*分别表示在1%、5%、10%的水平上显著。

① 在包含工具变量的两阶段最小二乘法回归中，$R^2=1-SSR/SST$，其中SSR为IV残差平方和，SST为因变量平方和（Wooldridge，2016），与普通最小二乘法回归不同，两阶段最小二乘法回归中SSR有可能大于SST，当出现这一结果时，R^2的值为负，故IV-2SLS回归结果中R^2值无实质性统计意义。

为检验空气污染对创新的负面影响是否因专利类型而异，将模型的被解释变量分别替换为人均发明专利、人均实用新型专利和人均外观设计专利并重新回归模型，回归结果分别如表8－7～表8－9所示。三个实证结果中，空气污染变量系数依然显著为负，表明空气质量对地区创新能力的影响不因专利类型而异。

表8－7　　空气污染对区域创新的影响：人均发明专利样本

被解释变量	(1) 人均发明专利数量	(2) 人均发明专利数量	(3) 人均发明专利数量	(4) 人均发明专利数量
	2000～2014年	2000～2006年	2007～2009年	2010～2014年
年均PM2.5浓度	－0.013*** (0.005)	－0.003*** (0.001)	－0.012* (0.006)	－0.031** (0.013)
城市中心经度	0.004 (0.003)	0.000 (0.001)	0.002 (0.003)	0.016** (0.008)
非农业人口	－0.000 (0.000)	－0.000 (0.000)	－0.000 (0.000)	－0.000 (0.000)
第二产业就业比重	0.490*** (0.138)	0.186*** (0.051)	0.335*** (0.115)	0.860*** (0.298)
人口密度	0.000** (0.000)	0.000*** (0.000)	0.000* (0.000)	0.001** (0.001)
人均GDP	0.000*** (0.000)	－0.000 (0.000)	0.000 (0.000)	0.000*** (0.000)
人均高校数量	－0.073 (0.648)	－0.118 (0.126)	0.308 (0.800)	0.481 (2.068)
人均高校职工数量	－53.361** (23.035)	2.401 (3.343)	－18.331 (19.570)	－168.442*** (58.983)
时间固定效应	Yes	Yes	Yes	Yes
观察值	996	460	201	335
R^2	0.294	0.314	－0.278	0.489
F值	8.497	6.995	15.12	17.96
RSS	120.3	0.615	3.190	76.85

续表

被解释变量	(1) 人均发明专利数量	(2) 人均发明专利数量	(3) 人均发明专利数量	(4) 人均发明专利数量
	2000～2014 年	2000～2006 年	2007～2009 年	2010～2014 年
第一阶段结果				
淮河线以北的地区	4.7216 *** (0.7422)	4.4585 *** (1.1314)	5.1034 *** (1.351)	4.6461 *** (1.4053)
F 值（包括控制变量）	40.46	15.53	14.27	10.93

注：研究样本城市为距离淮河边界 5 个纬度范围内（27.9°N～37.9°N）的城市；括号内汇报稳健标准差；*** 、** 、* 分别表示在 1%、5%、10% 的水平上显著。

表 8－8　　空气污染对区域创新的影响：人均实用新型专利样本

被解释变量	(1) 人均实用新型 专利数量	(2) 人均实用新型 专利数量	(3) 人均实用新型 专利数量	(4) 人均实用新型 专利数量
	2000～2014 年	2000～2006 年	2007～2009 年	2010～2014 年
年均 PM2.5 浓度	－0.027 *** (0.007)	－0.008 *** (0.002)	－0.032 * (0.017)	－0.059 *** (0.022)
城市中心经度	0.004 (0.005)	－0.000 (0.002)	0.004 (0.009)	0.018 (0.013)
非农业人口	－0.000 (0.000)	－0.000 (0.000)	－0.000 (0.000)	－0.000 (0.000)
第二产业就业比重	1.127 *** (0.215)	0.484 *** (0.078)	0.842 *** (0.311)	1.909 *** (0.471)
人口密度	0.001 *** (0.000)	0.000 *** (0.000)	0.001 * (0.001)	0.002 *** (0.001)
人均 GDP	0.000 *** (0.000)	0.000 * (0.000)	0.000 (0.000)	0.000 *** (0.000)
人均高校数量	－0.566 (1.061)	－0.553 (0.364)	0.480 (2.213)	0.326 (3.457)
人均高校职工数量	－65.801 ** (31.369)	5.026 (9.319)	－44.141 (55.078)	－212.407 ** (90.354)
时间固定效应	Yes	Yes	Yes	Yes
观察值	996	460	201	335

续表

被解释变量	(1) 人均实用新型 专利数量	(2) 人均实用新型 专利数量	(3) 人均实用新型 专利数量	(4) 人均实用新型 专利数量
	2000～2014 年	2000～2006 年	2007～2009 年	2010～2014 年
R^2	0. 160	－0. 147	－1. 064	0. 174
F 值	10. 31	13. 93	6. 226	58. 64
RSS	209. 7	4. 595	25. 77	167. 6
第一阶段结果				
淮河线以北的地区	4. 7216 *** (0. 7422)	4. 4585 *** (1. 1314)	5. 1034 *** (1. 351)	4. 6461 *** (1. 4053)
F 值（包括控制变量）	40. 46	15. 53	14. 27	10. 93

注：样本城市为距离淮河边界 5 个纬度范围内（27. 9°N～37. 9°N）的城市；括号内汇报稳健标准差；*** 、** 、* 分别表示在 1% 、5% 、10% 的水平上显著。

表 8－9　　空气污染对区域创新的影响：人均外观设计专利样本

被解释变量	(1) 人均外观设计 专利数量	(2) 人均外观设计 专利数量	(3) 人均外观设计 专利数量	(4) 人均外观设计 专利数量
	2000～2014 年	2000～2006 年	2007～2009 年	2010～2014 年
年均 PM2. 5 浓度	－0. 002 (0. 006)	－0. 004 *** (0. 001)	－0. 016 ** (0. 008)	0. 009 (0. 017)
城市中心经度	0. 011 ** (0. 004)	0. 001 (0. 001)	0. 002 (0. 005)	0. 031 *** (0. 011)
非农业人口	0. 000 (0. 000)	－0. 000 (0. 000)	－0. 000 (0. 000)	0. 000 (0. 000)
第二产业就业比重	－0. 062 (0. 182)	0. 251 *** (0. 040)	0. 199 (0. 149)	－0. 619 (0. 405)
人口密度	0. 000 (0. 000)	0. 000 *** (0. 000)	0. 001 ** (0. 000)	－0. 000 (0. 001)
人均 GDP	0. 000 *** (0. 000)	0. 000 *** (0. 000)	0. 000 *** (0. 000)	0. 000 *** (0. 000)
人均高校数量	0. 607 (0. 967)	－0. 205 (0. 183)	1. 268 (1. 184)	0. 948 (2. 860)

续表

被解释变量	(1) 人均外观设计专利数量	(2) 人均外观设计专利数量	(3) 人均外观设计专利数量	(4) 人均外观设计专利数量
	2000～2014年	2000～2006年	2007～2009年	2010～2014年
人均高校职工数量	-129.223*** (39.083)	-2.944 (4.791)	-77.947** (32.506)	-326.906*** (90.660)
时间固定效应	Yes	Yes	Yes	Yes
观察值	996	460	201	335
R^2	0.308	0.546	0.194	0.579
F值	8.632	12.72	11.61	9.677
RSS	299.0	1.421	7.555	167.1
第一阶段结果				
淮河线以北的地区	4.7216*** (0.7422)	4.4585*** (1.1314)	5.1034*** (1.351)	4.6461*** (1.4053)
F值（加入控制变量）	40.46	15.53	14.27	10.93

注：研究样本城市为距离淮河边界5个纬度范围内（27.9°N～37.9°N）的城市；括号内汇报稳健标准差；***、**、*分别表示在1%、5%、10%的水平上显著。

本书的工具变量为淮河线以北的城市，实际上淮河线两边的城市仅隔着一条河，其他的自然条件并无显著差别。相比之下，中国的秦岭山脉范围广，秦岭两侧自然条件变化大，秦岭线南北方城市的社会经济差距也较大，倘若以秦岭线以北城市作为工具变量，则实验组和对照组城市存在的社会经济特征的差异将会干扰实证结果，无法判断秦岭线南北方城市的创新产出变动是由空气质量的差异造成亦或是其他经济结构的差异造成。为解决这一潜在的内生性问题，本书将研究样本限制为秦岭以东的城市，考虑到秦岭没有明确的起点，本书在具体划分时将西安市以东靠近秦岭东端的城市设置为秦岭以北的城市，反之亦然。重新界定样本城市的回归结果如表8-10所示。表8-10的回归结果表明，控制了其他变量的影响后，空气污染对当地创新产生了显著的负面影响，基准实证结果稳健。

表 8－10　　秦岭以东城市空气污染对区域创新的影响

被解释变量	(1) 人均专利数量	(2) 人均专利数量	(3) 人均专利数量	(4) 人均专利数量
	2000～2014 年	2000～2006 年	2007～2009 年	2010～2014 年
年均 PM2.5 浓度	－0.036** (0.014)	－0.013*** (0.003)	－0.050** (0.024)	－0.068* (0.037)
城市中心经度	0.015 (0.020)	－0.008 (0.005)	－0.027 (0.028)	0.068 (0.053)
非农业人口	－0.002** (0.001)	－0.000*** (0.000)	－0.002*** (0.001)	－0.003* (0.002)
第二产业就业比重	1.383*** (0.421)	0.906*** (0.140)	1.119*** (0.426)	1.872** (0.862)
人口密度	0.001** (0.001)	0.000*** (0.000)	0.002** (0.001)	0.003 (0.002)
人均 GDP	0.000*** (0.000)	0.000*** (0.000)	0.000*** (0.000)	0.000*** (0.000)
人均高校数量	－1.868 (2.228)	－1.392** (0.590)	－0.327 (3.371)	－2.154 (6.075)
人均高校职工数量	－167.446* (87.530)	21.256 (15.499)	－44.525 (83.808)	－535.385*** (194.966)
时间固定效应	Yes	Yes	Yes	Yes
观察值	936	432	189	315
R^2	0.368	0.344	－0.004	0.669
F 值	13.96	15.82	13.08	104.6
RSS	1300	12.57	57.97	585.6

注：样本城市为距离淮河边界 5 个纬度范围内（27.9°N～37.9°N）的城市；括号内汇报稳健标准差；***、**、*分别表示在 1%、5%、10%的水平上显著。

空气污染的负面影响是否在更大的地理空间中存在？为探究这一问题，本书进一步扩大研究样本，将距离集中供暖线 10 个纬度范围内（22.9°N～42.9°N）的城市考虑在内，以人均专利申请量为因变量，以淮河线以北地区作为工具变量的第一阶段和第二阶段回归结果分别如表 8－11 和表 8－12 所示。以三个子类别的人均专利申请量作为因变量的回归结果如表 8－13、表 8－15 所示。表 8－12～表 8－15 的回归结果中，空气污染变量的系数在大多数模型中仍然显著为负，表明空气污染对城市创新的负面影响在中国更大范围的城市中存在，其中就发明创新和实用新型创新而言，空气污染对区域创新的负面影响在2010年以后才显现。

表8－11　第一阶段结果，淮河边界10个纬度内（22.9°N～42.9°N）城市

变量	年均PM2.5浓度
淮河线以北地区	2.481*** (0.751)
常数项	48.602*** (0.553)
观察值	1922
R^2	0.006
F	10.93
RSS	515984

注：括号内汇报稳健标准差；***、**、*分别表示在1%、5%、10%的水平上显著。

表8－12　空气污染对区域创新的影响，淮河边界10个纬度内（22.9°N～42.9°N）城市

被解释变量	(1) 人均专利数量	(2) 人均专利数量	(3) 人均专利数量	(4) 人均专利数量
	2000～2014年	2000～2006年	2007～2009年	2010～2014年
年均PM2.5浓度	－0.069*** (0.015)	－0.009*** (0.003)	－0.048* (0.029)	－0.165*** (0.051)
城市中心经度	0.013** (0.006)	0.004*** (0.001)	0.015 (0.010)	0.037 (0.024)
非农业人口	0.001*** (0.000)	0.000 (0.000)	0.001 (0.001)	0.003** (0.001)
第二产业就业比重	－0.399 (0.434)	0.444*** (0.092)	－0.073 (0.449)	－2.443* (1.351)
人口密度	0.003*** (0.001)	0.000*** (0.000)	0.002* (0.001)	0.009*** (0.002)
人均GDP	0.000 (0.000)	0.000 (0.000)	－0.000 (0.000)	0.000 (0.000)

续表

被解释变量	(1) 人均专利数量	(2) 人均专利数量	(3) 人均专利数量	(4) 人均专利数量
	2000～2014 年	2000～2006 年	2007～2009 年	2010～2014 年
人均高校数量	1.271 (1.771)	0.015 (0.354)	0.289 (2.508)	3.990 (6.907)
人均高校职工数量	-86.442 (53.124)	10.250 (8.498)	-0.030 (60.445)	-295.057* (178.434)
时间固定效应	Yes	Yes	Yes	Yes
观察值	1922	890	387	645
R^2	-0.114	0.329	-0.746	-0.501
F 值	11.03	25.23	17.81	30.55
RSS	2910	24.67	152.8	3352

注：括号内汇报稳健标准差；***、**、*分别表示在1%、5%、10%的水平上显著。

表 8-13　　空气污染对人均发明专利的影响，淮河边界 10 个纬度范围内（22.9°N～42.9°N）城市

被解释变量	(1) 人均发明专利数量	(2) 人均发明专利数量	(3) 人均发明专利数量	(4) 人均发明专利数量
	2000～2014 年	2000～2006 年	2007～2009 年	2010～2014 年
年均 PM2.5 浓度	-0.014*** (0.004)	-0.001 (0.001)	-0.005 (0.004)	-0.037*** (0.013)
城市中心经度	0.003** (0.002)	0.001** (0.000)	0.003** (0.001)	0.010* (0.006)
非农业人口	0.000*** (0.000)	0.000** (0.000)	0.000 (0.000)	0.001** (0.000)
第二产业就业比重	-0.127 (0.116)	0.077*** (0.024)	0.060 (0.065)	-0.658* (0.358)
人口密度	0.001*** (0.000)	0.000 (0.000)	0.000 (0.000)	0.002*** (0.001)
人均 GDP	0.000 (0.000)	0.000 (0.000)	0.000 (0.000)	0.000 (0.000)

续表

被解释变量	(1) 人均发明专利数量	(2) 人均发明专利数量	(3) 人均发明专利数量	(4) 人均发明专利数量
	2000~2014年	2000~2006年	2007~2009年	2010~2014年
人均高校数量	-0.042 (0.422)	-0.005 (0.068)	-0.186 (0.311)	0.065 (1.669)
人均高校职工数量	-12.179 (13.521)	1.135 (1.936)	5.092 (7.726)	-46.354 (44.703)
时间固定效应	Yes	Yes	Yes	Yes
观察值	1922	890	387	645
R^2	0.117	0.400	0.391	-0.041
F值	8.582	11.66	34.93	11.38
RSS	232.1	1.435	3.324	241.6

注：括号内汇报稳健标准差；***、**、*分别表示在1%、5%、10%的水平上显著。

表8-14　空气污染对人均实用新型专利的影响，淮河边界10个纬度范围内（22.9°N~42.9°N）城市

被解释变量	(1) 人均实用新型专利数量	(2) 人均实用新型专利数量	(3) 人均实用新型专利数量	(4) 人均实用新型专利数量
	2000~2014年	2000~2006年	2007~2009年	2010~2014年
年均PM2.5浓度	-0.023*** (0.006)	-0.002 (0.002)	-0.015 (0.011)	-0.056*** (0.018)
城市中心经度	0.006*** (0.002)	0.002*** (0.000)	0.007** (0.004)	0.014* (0.008)
非农业人口	0.000** (0.000)	0.000 (0.000)	0.000 (0.000)	0.001* (0.001)
第二产业就业比重	0.193 (0.145)	0.188*** (0.040)	0.133 (0.169)	-0.010 (0.444)
人口密度	0.001*** (0.000)	0.000 (0.000)	0.001 (0.001)	0.003*** (0.001)
人均GDP	0.000 (0.000)	0.000*** (0.000)	0.000 (0.000)	0.000 (0.000)

续表

被解释变量	(1) 人均实用新型 专利数量	(2) 人均实用新型 专利数量	(3) 人均实用新型 专利数量	(4) 人均实用新型 专利数量
	2000~2014年	2000~2006年	2007~2009年	2010~2014年
人均高校数量	0.114 (0.626)	-0.156 (0.130)	-0.147 (0.873)	0.778 (2.362)
人均高校职工数量	-16.236 (17.062)	4.895 * (2.954)	6.675 (20.787)	-67.218 (58.350)
时间固定效应	Yes	Yes	Yes	Yes
观察值	1922	890	387	645
R^2	0.039	0.404	-0.163	-0.354
F值	14.03	35.90	14.15	48.38
RSS	357.5	1.768	23.14	403.5

注：括号内汇报稳健标准差；***、**、*分别表示在1%、5%、10%的水平上显著。

表8-15　空气污染对人均外观设计专利影响，淮河边界10个纬度范围内（22.9°N~42.9°N）城市

被解释变量	(1) 人均外观设计 专利数量	(2) 人均外观设计 专利数量	(3) 人均外观设计 专利数量	(4) 人均外观设计 专利数量
	2000~2014年	2000~2006年	2007~2009年	2010~2014年
年均PM2.5浓度	-0.032 *** (0.007)	-0.006 *** (0.002)	-0.027 * (0.015)	-0.072 *** (0.022)
城市中心经度	0.004 (0.003)	0.001 * (0.001)	0.005 (0.006)	0.013 (0.010)
非农业人口	0.000 ** (0.000)	0.000 (0.000)	0.000 (0.000)	0.001 ** (0.001)
第二产业就业比重	-0.465 ** (0.210)	0.180 *** (0.041)	-0.266 (0.245)	-1.775 *** (0.646)
人口密度	0.002 *** (0.000)	0.000 *** (0.000)	0.001 ** (0.001)	0.004 *** (0.001)
人均GDP	0.000 (0.000)	-0.000 (0.000)	-0.000 (0.000)	0.000 (0.000)

续表

被解释变量	(1) 人均外观设计 专利数量	(2) 人均外观设计 专利数量	(3) 人均外观设计 专利数量	(4) 人均外观设计 专利数量
	2000~2014 年	2000~2006 年	2007~2009 年	2010~2014 年
人均高校数量	1.199 (0.804)	0.177 (0.220)	0.622 (1.404)	3.147 (3.028)
人均高校职工数量	-58.028** (25.891)	4.220 (5.315)	-11.797 (33.947)	-181.486** (83.779)
时间固定效应	Yes	Yes	Yes	Yes
观察值	1922	890	387	645
R^2	-0.361	-0.269	-2.764	-0.653
F 值	6.615	12.76	10.23	4.171
RSS	618.0	6.419	42.99	692.6

注：括号内汇报稳健标准差；***、**、*分别表示在1%、5%、10%的水平上显著。

事实上，横跨西藏全省的淮河线平均纬度33.6°N，考虑到本书所有样本城市均在西藏以东，本书采用除西藏以外的淮河平均纬度作为边界，即淮河边界的32.9°N。为了检验实证结果的稳健性，本书将工具变量变换为陈等（Chen et al.，2013）研究中的平均纬度33.6°N边界线以北的城市，变换工具变量的回归结果如表8-16和表8-17所示，其中，表8-16汇报第一阶段回归结果，表8-17汇报第二阶段结果。从结果可知，33.6°N边界线以北的城市与地区空气污染依然存在显著负相关关系，且其作为工具变量的回归结果中，空气污染对创新的影响仍然是显著为负的（见表8-17）。

表8-16　　　　工具变量为33.6°N的第一阶段回归结果

变量	年均 PM2.5 浓度
淮河线以北的地区（北纬33.6度）	6.947*** (0.961)
常数	53.043*** (0.678)
观察值	982

续表

变量	年均 PM2.5 浓度
R^2	0.051
F 值	52.24
RSS	222267

注：研究样本城市为距离淮河边界5个纬度范围以内的城市（27.9°N～37.9°N）。括号内汇报稳健标准差；***、**、*分别表示变量系数在1%、5%、10%的水平上显著。

表 8－17　　　空气污染对创新的影响，工具变量为 33.6°N

被解释变量	(1) 人均专利数量	(2) 人均专利数量	(3) 人均专利数量	(4) 人均专利数量
	2000～2014 年	2000～2006 年	2007～2009 年	2010～2014 年
年均 PM2.5 浓度	-0.021*** (0.006)	-0.007*** (0.002)	-0.020*** (0.007)	0.012*** (0.016)
城市中心经度	0.049*** (0.010)	0.012*** (0.002)	0.034*** (0.011)	0.120*** (0.025)
非农业人口	-0.000 (0.000)	-0.000 (0.000)	-0.000 (0.000)	-0.000 (0.001)
第二产业就业比重	1.142*** (0.339)	0.764*** (0.083)	0.966*** (0.228)	1.532** (0.732)
人口密度	0.001* (0.000)	0.000*** (0.000)	0.001*** (0.000)	0.001* (0.001)
人均 GDP	0.000*** (0.000)	0.000** (0.000)	0.000*** (0.000)	0.000*** (0.000)
人均高校数量	1.106 (2.306)	-0.055 (0.534)	2.291 (2.389)	2.709 (6.469)
人均高校职工数量	-206.260** (80.555)	15.123 (13.396)	-68.521 (59.038)	-609.143*** (182.080)
时间固定效应	Yes	Yes	Yes	Yes
观察值	982	454	198	330
R^2	0.379	0.491	0.474	0.680

续表

被解释变量	(1) 人均专利数量	(2) 人均专利数量	(3) 人均专利数量	(4) 人均专利数量
	2000～2014 年	2000～2006 年	2007～2009 年	2010～2014 年
F 值	13. 37	18. 10	19. 82	110. 8
RSS	1282	9. 800	30. 48	568. 8

注：样本城市为距离淮河边界 5 个纬度范围内的城市（27. 9°N～37. 9°N）。专利包括发明专利、实用专利和外观设计专利。括号内汇报稳健标准差；*** 、** 、* 分别表示变量系数在 1% 、5% 、10% 的水平上显著。

同样，以 33. 6°N 边界线作为工具变量的分样本回归结果中，空气污染对地区专利产出的影响不因专利类型而异（如表 8－18～表 8－20 结果所示）。为进一步检验空气污染物是否与区域创新的增长相关，本书将人均专利增长率作为因变量，加入更多的控制变量并重新回归模型。由于城市就业密度、科技支出占城市 GDP 比重等控制变量的数据仅在 2003 年及以后可得，以创新增长率作为因变量的回归结果覆盖的时间年份为 2003～2014 年。表 8－21 的 2SLS 回归结果表明，2003～2014 年，空气污染程度较低的城市在创新增长更快，即地区空气质量与创新产出增长显著正相关，由此，空气污染既不利于区域创新的发展，也不利于区域创新的增长。

表 8－18　　空气污染对人均发明专利的影响，工具变量为 33. 6°N

被解释变量	(1) 人均发明专利数量	(2) 人均发明专利数量	(3) 人均发明专利数量	(4) 人均发明专利数量
	2000～2014 年	2000～2006 年	2007～2009 年	2010～2014 年
年均 PM2. 5 浓度	－0. 006 *** (0. 002)	－0. 001 *** (0. 000)	－0. 004 *** (0. 001)	－0. 016 *** (0. 005)
城市中心经度	0. 013 *** (0. 003)	0. 002 *** (0. 001)	0. 007 *** (0. 002)	0. 036 *** (0. 009)
非农业人口	－0. 000 (0. 000)	－0. 000 (0. 000)	－0. 000 (0. 000)	－0. 000 (0. 000)
第二产业就业比重	0. 359 *** (0. 105)	0. 158 *** (0. 046)	0. 261 *** (0. 059)	0. 611 *** (0. 231)

续表

被解释变量	(1) 人均发明专利数量	(2) 人均发明专利数量	(3) 人均发明专利数量	(4) 人均发明专利数量
	2000～2014年	2000～2006年	2007～2009年	2010～2014年
人口密度	0.000* (0.000)	0.000*** (0.000)	0.000** (0.000)	0.000* (0.000)
人均 GDP	0.000*** (0.000)	-0.000 (0.000)	0.000*** (0.000)	0.000*** (0.000)
人均高校数量	0.360 (0.645)	0.045 (0.103)	0.383 (0.465)	1.167 (1.895)
人均高校职工数量	-39.985* (22.565)	4.414 (2.867)	-3.647 (11.350)	-130.452** (53.638)
时间固定效应	Yes	Yes	Yes	Yes
观察值	982	454	198	330
R^2	0.344	0.505	0.578	0.595
F值	9.277	7.486	25.95	19.71
RSS	111.6	0.442	1.048	60.65

注：研究样本城市为距离淮河边界5个纬度范围以内的城市（27.9°N～37.9°N）；括号内汇报稳健标准差；***、**、*分别表示变量系数在1%、5%、10%的水平上显著。

表8－19　空气污染对人均实用新型专利的影响，工具变量为33.6°N

被解释变量	(1) 人均实用新型专利数量	(2) 人均实用新型专利数量	(3) 人均实用新型专利数量	(4) 人均实用新型专利数量
	2000～2014年	2000～2006年	2007～2009年	2010～2014年
年均 PM2.5 浓度	-0.012*** (0.003)	-0.004*** (0.001)	-0.010** (0.004)	-0.027*** (0.008)
城市中心经度	0.022*** (0.004)	0.006*** (0.001)	0.018*** (0.006)	0.053*** (0.012)
非农业人口	-0.000 (0.000)	-0.000* (0.000)	-0.000 (0.000)	-0.000 (0.000)
第二产业就业比重	0.852*** (0.164)	0.387*** (0.038)	0.639*** (0.127)	1.476*** (0.306)

续表

被解释变量	(1) 人均实用新型 专利数量	(2) 人均实用新型 专利数量	(3) 人均实用新型 专利数量	(4) 人均实用新型 专利数量
	2000~2014年	2000~2006年	2007~2009年	2010~2014年
人口密度	0.000*** (0.000)	0.000*** (0.000)	0.000** (0.000)	0.001*** (0.000)
人均 GDP	0.000*** (0.000)	0.000* (0.000)	0.000** (0.000)	0.000*** (0.000)
人均高校数量	0.280 (0.945)	-0.102 (0.297)	0.573 (1.268)	1.359 (2.877)
人均高校职工数量	-40.350 (27.376)	11.075 (7.211)	-5.223 (29.507)	-146.219** (72.902)
时间固定效应	Yes	Yes	Yes	Yes
观察值	982	454	198	330
R^2	0.338	0.252	0.243	0.503
F值	12.05	20.56	14.30	92.79
RSS	164.7	2.977	9.390	100.2

注：研究样本城市为距离淮河边界5个纬度范围内的城市（27.9°N~37.9°N）；括号内汇报稳健标准差；***、**、*分别表示变量系数在1%、5%、10%的水平上显著。

表8-20　空气污染对人均外观设计专利的影响，工具变量为33.6°N

被解释变量	(1) 人均外观设计 专利数量	(2) 人均外观设计 专利数量	(3) 人均外观设计 专利数量	(4) 人均外观设计 专利数量
	2000~2014年	2000~2006年	2007~2009年	2010~2014年
年均 PM2.5 浓度	-0.002 (0.003)	-0.002*** (0.000)	-0.006*** (0.002)	-0.000 (0.007)
城市中心经度	0.014*** (0.004)	0.004*** (0.001)	0.009** (0.004)	0.032*** (0.011)
非农业人口	0.000 (0.000)	-0.000 (0.000)	-0.000 (0.000)	0.000 (0.000)
第二产业就业比重	-0.068 (0.138)	0.219*** (0.028)	0.067 (0.087)	-0.555 (0.338)

续表

被解释变量	(1) 人均外观设计专利数量	(2) 人均外观设计专利数量	(3) 人均外观设计专利数量	(4) 人均外观设计专利数量
	2000～2014年	2000～2006年	2007～2009年	2010～2014年
人口密度	0.000 (0.000)	0.000*** (0.000)	0.000*** (0.000)	-0.000 (0.000)
人均GDP	0.000*** (0.000)	0.000*** (0.000)	0.000*** (0.000)	0.000*** (0.000)
人均高校数量	0.466 (1.019)	0.002 (0.153)	1.335* (0.771)	0.183 (2.878)
人均高校职工数量	-125.925*** (40.197)	-0.366 (4.082)	-59.650** (23.480)	-332.472*** (92.222)
时间固定效应	Yes	Yes	Yes	Yes
观察值	982	454	198	330
R^2	0.305	0.654	0.596	0.588
F值	8.671	16.36	18.80	10.27
RSS	299.7	1.080	3.777	163.2

注：样本城市为距离淮河边界5个纬度范围内的城市（27.9°N～37.9°N）；括号内汇报稳健标准差；***、**、*分别表示变量系数在1%、5%、10%的水平上显著。

表8-21　　空气污染对人均专利量增长率的影响（2003～2014年）

变量	(1) 人均专利量增长率	(2) 人均专利量增长率	(3) 人均专利量增长率	(4) 人均专利量增长率
年均PM2.5浓度	-1.902** (0.841)	-3.604* (1.910)	-1.935** (0.938)	-3.910** (1.724)
人均专利数量	-95.227** (38.809)			
人均发明专利数量		-311.930 (190.887)		
人均实用新型专利数量			-179.972* (98.130)	

续表

变量	(1) 人均专利量 增长率	(2) 人均专利量 增长率	(3) 人均专利量 增长率	(4) 人均专利量 增长率
人均外观设计专利数量				-403.681*** (129.739)
城市中心经度	0.833 (0.711)	-0.008 (1.608)	1.027 (0.838)	1.635 (1.215)
非农业人口	0.071 (0.050)	0.205 (0.168)	0.075 (0.063)	0.084 (0.062)
第二产业就业比重	43.398 (36.763)	-192.811* (115.299)	38.977 (37.751)	55.211 (61.762)
人口密度	0.091*** (0.030)	0.124** (0.060)	0.073** (0.030)	0.208*** (0.069)
人均 GDP	0.001 (0.002)	0.005 (0.005)	0.002 (0.002)	-0.001 (0.002)
人均高校数量	-49.833 (184.899)	789.784 (828.725)	56.269 (213.202)	-163.367 (328.736)
人均高校职工数量	11948.544 (9838.759)	29597.862 (28387.252)	14726.939 (12797.925)	12095.974 (12793.117)
2000 年移民人口占总人口比重	0.163 (16.116)	-10.816 (46.286)	-2.278 (17.168)	-30.527 (38.352)
2000 年拥有大学及以上学历就业人口占总人口比重	-15.447 (10.913)	-58.511* (34.606)	-18.351 (14.766)	-14.980 (11.441)
城市就业密度	0.841 (0.843)	-0.533 (2.002)	1.291 (0.977)	1.610 (1.665)
科学技术支出占 GDP 比重	6.895 (4.547)	-2.196 (11.838)	5.004 (4.813)	1.882 (9.165)
人均 FDI	0.001 (0.012)	0.060 (0.062)	0.002 (0.013)	-0.008 (0.021)
时间固定效应	Yes	Yes	Yes	Yes
观察值	128	124	128	124
R^2	0.038	0.160	0.024	-0.178
F 值	3.638	3.243	1.849	3.268
RSS	147079	1.320e+06	236560	361402

注：括号内汇报稳健标准差；***、**、* 分别表示在 1%、5%、10% 的水平上显著。

为检验工具变量回归结果的稳健性，本书进一步借鉴了其他工具变量方法，回归结果如表8－22所示。其中，表8－22第（1）列将2000年的空气质量水平值作为2003～2010年的空气质量的工具变量，并运用随机效应的广义最小二乘法方法（G2SLS random-effects IV regression）来回归模型，表8－22第（2）列的结果中，在2000年的空气质量水平值基础上，增加2000年的地区人口总量作为工具变量，这是由于人口总量在一定程度上反映了当年的经济活动活跃程度，有助于控制地区的需求冲击，提高工具变量与当期空气质量的相关度。再次，表8－22第（3）～（5）列借鉴拜耳、基奥哈和蒂明斯（Bayer，Keohane and Timmins，2009）的做法，将周围地区的空气质量加权值作为当地空气质量的工具变量，具体分别以距离倒数权重矩阵（W2）和距离二次方倒数权重矩阵（W3）为空间权重矩阵计算得出的空气质量空间加权值作为工具变量（pm_25_w2，pm_25_w3）。

表8－22　　空气污染对区域创新的影响（2000～2010年）

估计方法	(1) G2SLS	(2) G2SLS	(3) G2SLS	(4) G2SLS	(5) G2SLS
空气污染	-0.066*** (-2.974)	-0.085*** (-4.003)	-0.072*** (-3.048)	-0.071*** (-3.534)	-0.132*** (-3.673)
控制变量	是	是	是	是	是
时间变量	否	否	是	是	是
观测值	2238	2237	2264	2264	2264
区域个数	283	283	283	283	283
2000年的空气污染	1.091***	1.095***			
2000年的人口规模		-0.026***			
pm_25_w2			1.598***		-0.475***
pm_25_w3				1.151***	1.421***
First-stage F值	52.07				906.66

注：圆括号内为回归系数的t统计值；***、**、*分别表示估计系数在1%、5%、10%的水平上显著；表格最末4行汇报的是第一阶段回归结果中对应工具变量的系数及显著性结果，其中，pm_25_w2、pm_25_w3为基于2000年数据的空间加权的空气污染值，也即对应模型的工具变量。

从表8－22的回归结果中可知，无论采用何种工具变量，空气污染变量的系数依然显著为负，表明充分考虑并处理模型潜在的内生性问题后的实证结果支持基准模型结论，即地区空气污染不利于区域创新的发展。

第四节　机制分析

关于空气污染对区域创新的影响，有两种可能的影响机制，分别为劳动力的自选择效应和生产率机制（见图 8 - 1）。自选择效应表明，产出创新的知识工人偏好空气质量较好的地方，当空气污染出现并变得严重时，天气因素中尤其空气质量因素是人口进行跨区域迁移的重要考虑因素，研究发现，重视环境宜居因素的个体和家庭往往选择迁移到空气质量良好的地方（Graves，1976，1980；Graves and Linneman，1979；Mueser and Graves，1995）。此外，空气质量对个体的价值因教育背景（Niedomysl and Hansen，2010）、职业和技能（Dorfman et al.，2011；Song et al.，2016）、财富水平（Adamson et al.，2004）而异（McGranahan et al.，2010）。其中，相对经济富裕和受过高等教育的劳动力更重视生活质量因素（Grossman，1972），其就业和生活区位选择中将更加偏好宜居的地区，进而在这些宜居地区产出更多创新成果。与此同时，劳动力迁移到相对宜居的地区的迁移过程有助于知识溢出，加速信息和新知识的转化，并激发不同背景工人间更多的交流合作。移民在文化、习俗和思维方式上的多样性为产出新知识创造了良好的环境。

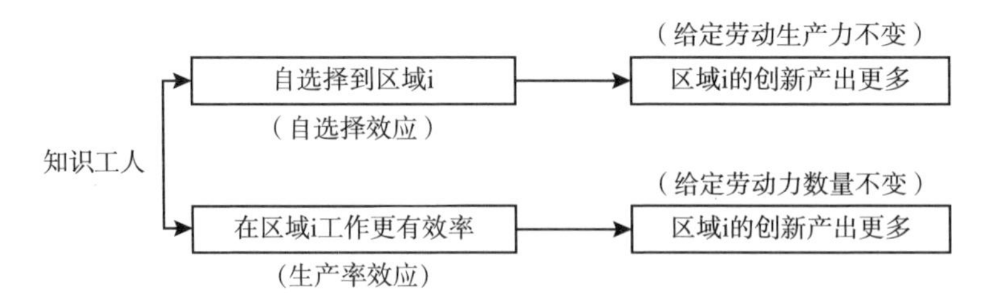

区域i：空气质量好
区域j：空气质量差

图 8 - 1　两种可能的影响机制

其次，空气污染也可能通过影响技术工人的劳动生产率来影响区域创新产出。一些健康和体育经济学文献表明，空气质量与专业运动员和普通民众的短期和长期生产率密切相关（Brunekreef and Holgate，2002；Chay and Greenstone，2003；Matus et al.，2012；Ebenstein et al.，2015；Tanaka，2015；He et al.，2016；Gehrsitz，2017）。空气污染也会影响工人的预期寿命，例如陈等（Chen et al.，2013）、埃本斯坦等（Ebenstein et al.，2015）的研究得出，其他条件相同的情况下，个人长期暴露于空气污染的环境中时，其预期寿命将会缩短5.5年。由此，在空气污染严重的地区，工人的生产率降低，同样数量的技术工人将产出较少的创新产出（见图8－1）。

倘若空气污染对创新的负面影响由自选择机制主导，则在其他条件不变的情况下，空气质量较好的城市中技术工人的就业增长会更快。为检验这一机制，本书以2000～2014年科学和专业工作者的就业份额变化为因变量，以上述基准实证模型中的控制变量为解释变量，增加2000年移民人口比重和高技能工人比重变量的控制变量至模型中并重新回归模型。表8－23中第（1）列的回归结果表明，地区空气污染程度与高技能工人的就业份额变化无显著相关关系，这一结果否定了自选择效应是空气污染影响区域创新的主要机制这一假设。进一步，以2000～2014年科学和专业劳动力的就业增长率作为因变量，保持同样的解释变量和控制变量并重新回归模型，表8－23第（2）列的结果表明，地区知识劳动者的就业增长率与当地空气污染程度也无显著性相关关系，说明选择效应并非本书研究问题的主要影响机制。

表8－23　空气污染对高技能劳动力增长率的影响

变量	(1) 科学和专业劳动力的就业份额变化率	(2) 科学和专业劳动力的就业增长率
年均PM2.5浓度	0.000 (0.000)	0.017 (0.024)
科学和专业劳动力的就业人口比重	－0.000 (0.000)	0.012 (0.019)
城市中心经度	0.000 (0.000)	－0.000 (0.000)
非农业人口	－0.014* (0.008)	－0.284 (0.439)

续表

变量	(1) 科学和专业劳动力的就业份额变化率	(2) 科学和专业劳动力的就业增长率
第二产业就业比重	-0.000 (0.000)	-0.001 (0.001)
人口密度	0.000*** (0.000)	0.000*** (0.000)
人均 GDP	0.091* (0.048)	-1.387 (4.293)
人均高校数量	0.402 (1.820)	21.664 (69.292)
人均高校职工数量	0.006 (0.006)	0.409 (0.545)
2000 年移民人口占总人口比重	0.002 (0.002)	0.097 (0.100)
2000 年拥有大学及以上学历就业人口占总人口比重	-0.090 (0.061)	-7.450 (5.294)
观察值	129	129
R^2	0.461	-0.030
F 值	50.87	56.06
RSS	0.00790	80.16

注：样本包括淮河边界 10 个纬度范围内（22.9°N ~ 42.9°N）城市；括号内汇报稳健标准差；***、**、*分别表示在 1%、5%、10% 的水平上显著。

鉴于以上结果排除了空气污染对区域创新产生负面影响的选择效应机制，本书推断生产率效应是解释基准实证结果的主要机制。考虑到生产率效应的检测依赖于微观经济数据，本书选择采用排除法来检验生产率机制。倘若实证模型中控制了尽可能多的选择效应因素后空气污染变量的影响依然显著为负，则表明除了技术工人的自我选择外，还至少有其他一种机制可以解释空气污染对区域创新的负面影响，且这种机制最有可能为生产率效应机制。沿着该思路，本书在基准实证模型中加入更多的控制变量来控制选择效应并重新回归模型，新增加的控制变量包括 2000 年和 2010 年拥有大学及以上学历人口就业份额、移民的人口份额、科学和专业职业劳动力的就业份额、科技支出占城市 GDP 的比重、人均外商直接投资和城市就业密度等，新的回归结果如表 8 - 24 所示。表 8 - 24 的回归结果表明，控制了选择效应机制后，空气污染变量的系数在所有回归中依然显著为负，这意味着除了选择机制之外，至少还有一种机制可以解释空气质量对区域创新的负面影响。基于上文理论机制的分析，本书推断生产率效应是空气污染对区域创新产出影响的主要渠道。

表 8 - 24　　　空气污染对区域创新的影响：加入更多控制变量

变量	(1) 人均专利量	(2) 人均专利量	(3) 人均专利量	(4) 人均专利量
	2003 ~ 2014 年	2003 ~ 2006 年	2007 ~ 2009 年	2010 ~ 2014 年
年均 PM2.5 浓度	-0.072 *** (0.017)	-0.022 *** (0.007)	-0.062 ** (0.027)	-0.093 *** (0.022)
城市中心经度	0.015 (0.013)	0.003 (0.005)	0.002 (0.014)	0.073 *** (0.024)
非农业人口	0.001 * (0.001)	0.000 (0.000)	0.001 (0.001)	0.001 (0.001)
第二产业就业比重	2.419 *** (0.511)	1.091 *** (0.225)	0.883 ** (0.440)	3.338 *** (0.873)
人口密度	0.002 *** (0.000)	0.001 *** (0.000)	0.002 ** (0.001)	0.003 *** (0.001)
人均 GDP	0.000 (0.000)	-0.000 (0.000)	0.000 (0.000)	0.000 * (0.000)
人均高校数量	-12.838 *** (3.522)	-5.235 *** (1.641)	-9.477 ** (4.585)	-12.805 ** (5.139)
人均高校职工数量	552.149 *** (123.653)	177.530 *** (54.256)	427.089 ** (178.697)	607.927 *** (164.368)
科学和专业劳动力的就业人口比重	14.117 *** (3.974)	6.501 *** (2.208)	10.358 ** (4.600)	7.264 (6.608)
2000 年移民数量占比	1.051 (0.639)	0.628 *** (0.119)	1.433 *** (0.491)	
2000 年拥有大学及以上学历就业人口占总人口比重	-0.941 *** (0.202)	-0.259 *** (0.071)	-0.717 *** (0.240)	

续表

变量	(1) 人均专利量	(2) 人均专利量	(3) 人均专利量	(4) 人均专利量
	2003~2014年	2003~2006年	2007~2009年	2010~2014年
2010年移民数量占比				-0.529 (3.143)
2010年拥有大学及以上学历就业人口占总人口比重				-0.449*** (0.082)
城市就业密度	0.085*** (0.022)	0.025*** (0.009)	0.083** (0.037)	0.077*** (0.027)
科学技术支出占GDP比重	1.030*** (0.296)	0.016 (0.038)	-0.559 (0.757)	-0.514 (0.833)
人均FDI	0.002* (0.001)	0.000* (0.000)	0.000 (0.000)	0.005*** (0.001)
时间固定效应	Yes	Yes	Yes	Yes
观察值	798	268	201	329
R^2	0.416	0.141	-0.189	0.753
F值	47.13	14.53	6.959	74.95
RSS	1182	13.03	69.37	439.5

注：样本城市为距离淮河边界5个纬度范围内（27.9°N~37.9°N）的城市；括号内汇报稳健标准差；***、**、*分别表示变量系数在1%、5%、10%的水平上显著。

第五节　结　　论

城市对个体和家庭的吸引力随着地区空气污染的出现而减弱。近年来随着中国城市空气污染的加剧，有关地区空气污染对生产活动的影响成为研究热点话题。地区的空气污染是否会对进一步区域创新产生负面影响？考虑到创新的产生很大程度上依赖于技术工人及其生产力，本书研究了空气质量与区域创新之间的关系。创新是城市经济增长的引擎，研究空气污染与创新之间的关系为地区如何发展创新提供了新视角。引入集中供暖政策作为空气质量的工具变量的回归结果表明，空气污染对城市创新产生了显著的负面影响且这一影响有时间放大效应。此外，无论采用过去的空气质量水平值作为工具变量还是采用周围地区加权的空气质量值作为工具变量，空气质量对创新活动的影响均在1%的水平上显著为正，这一结果支持了空气质量作为宜居环境因素对创新发展至关重要的结论。中国的空气污染与创新活动显著为负的关系间接表明，中国的创新工人或者高技能工人在进行区位选择时受到地区空气质量因素的影响较大，即中国创新工人在进行区位选择时尤其关注地区的空气质量因素。从企业生产的角度，虽然罗巴克（Roback，1982）举例说明空气污染会减少企业额外的生产成本，但如果考虑到地区严重的空气质量会降低劳动效率，影响劳动者的心情，空气污染可能相反会增加企业的生产成本。进一步的机制分析排除了技术工人的自我选择效应是空气污染对创新产生负面影响的渠道，由此本书推断生产率效应是空气污染对区域创新产生负面影响的主要渠道。在中国，空气污染与企业成本更可能呈现正相关的关系，例如，在我国举办一些国际活动或者赛事的时候，中央政府和地区政府会运用行政力量将空气污染地区的生产停工、工厂关闭等。

作为中国实现快速工业化和城市化过程的产物，空气污染问题在中国城市中应该受到高度的重视并得到尽快处理，否则空气质量的进一步恶化不仅阻碍地区经济发展，同时不利于地区创新的发展与增长。不仅空气污染，其他形式的污染也需要得到重视和处理，因为随着人们对生活质量的愈加重视，空气质量作为判断地区是否宜居的重要指标，在决定人力资本的空间资源配置中发挥重要作用。除此之外，本书工具变量的结果还表明，中国的集中供暖政策是导致地区空气质量差异的重要原因，有必要重新评估集中供暖政策的能源效率，一个高效可持续发展的集中供暖系统应当是环境友好型的。

第九章　促进我国区域创新发展的政策建议

过去三十多年来，我国经济快速发展，人们的收入水平提高，生活条件得到了较大改善。在满足了基本物质需求以后，人们开始追求生活质量的提高，在区域经济学中，宜居环境因素是地区生活质量的重要构成部分，其重要性得到了广泛的讨论，不少研究认为宜居环境因素是决定地区人口增长和就业增长的关键因素。基于中国是发展中国家的现实，宜居环境的重要性在中国的讨论不多。本书致力于揭示宜居环境因素对中国人口区位选择的影响，基于数据可得性的限制以及宜居环境因素具有高的需求收入弹性，本书选择从探究宜居环境因素对区域创新的影响入手，这是由于，一方面区域创新可以作为高技能工人的产出，倘若宜居环境因素对高技能工人的区位选择有影响，其容易最先通过创新地理体现出来；另一方面，探究区域创新的动力机制对当前中国追求和鼓励创新发展的时代背景下具有重要的现实意义。本书研究从分析创新地理的特点和设计宜居环境因素指标体系入手，理论分析了宜居环境因素影响区域创新的机理和渠道，并全面细致地考察了宜居环境因素对创新的影响及其机制，并通过扩展研究检验了宜居环境因素在中国仅仅对高技能工人区位选择产生影响这一基本假设。本章将总结论文的研究结论，根据研究结论提出针对性的政策建议和启示。

第一节　区域创新受宜居因素的影响总结

第一，区域创新发展的典型性事实分析表明，我国区域专利创新自2003年以后呈指数化增长趋势，虽然在地理上其集中分布在东部沿海地区的特点突出，但总体上2003～2014年我国地级市层面的专利强度分布不均衡程度在降低；从空间分布上看，区域创新增长还呈现出显著的空间正相关性特点，且空间正相关的程度随时间增强。

第二，宜居环境因素对区域创新的理论分析指出，在给定其他条件不变的前提下，宜居环境因素可通过影响创新工人的工作努力程度（或个体劳动生产率）来正向影响区域创新产出；在给定工人努力程度（或劳动生产率）的前提下，宜居环境因素还可通过提高创新产出的人力资本转化效率、物质资本转化效率、集聚经济正外部性效应和扩大地区人力资本池等方式促进地区创新产出增长。此外，将城市异质性考虑在内的理论分析提出，其他条件不变的情况下，沿海地区受到自然宜居环境影响较大，非省会城市受到城市便利特征影响较大的理论假说。此外，宜居环境因素对区域创新的影响也可能根据专利类型的不同以及具体环境特征内容的不同而有所差异。

第三，宜居环境因素对区域创新的实证分析表明，在其他条件不变的情况下，地区两个不同方面的宜居程度，即自然宜居特征和城市便利宜居特征对区域创新产出均存在显著为止的影响，其中对区域创新影响最为显著的宜居因素有地区的空气质量、中小学教育资源、医疗资源、公共交通服务和旅游环境等，然而与区域创新最为相关的仍然是地区综合的宜居环境水平，即地区不同方面的宜居因素通过联合作用方式来促进区域创新发展。关于宜居环境因素对创新的显著正影响，其不因工具变量方法的不同、控制变量的多少、样本异常值的存在、模型设定的不同而改变，即区域创新增长受地区宜居环境因素影响显著的结论稳健，理论分析提出的研究推论均成立。除了地区宜居环境因素，研发投入、人力资本投入、集聚经济水平、经济发展水平、产业结构因素以及空间关联性因素也是区域创新增长的动力因素。

第四，宜居环境因素对区域创新影响的异质性分析指出，宜居环境因素对区域创新的影响在沿海城市和内陆城市有差别，在省会城市和非省会城市之间也存在差别，而地区宜居环境因素对区域创新的影响不因三种专利内容的差异而不同，单因素—空气质量因素对区域创新的影响显著。具体影响的差别体现在：首先，沿海地区的创新发展受到自然宜居环境的显著影响，而不受城市便利环境的影响；内陆城市的创新发展仅受到城市便利环境的影响，可能的原因是城市便利的吸引力优先于自然因素的吸引力，自然宜居因素的吸引力只有在城市便利需求满足了以后才发挥出来，在经济相对不发达的内陆城市，由于城市便利提供的不足，自然因素对人才和企业的吸引力无法显现。其次，仅仅只有非省会城市的创新发展受到地区自然宜居环境和城市便利环境的影响，省会城市（包括直辖市）则不受此影响，由此宜居环境因素对吸引创新人才和创新企业的作用在不具备政治资源优势的地区更加突出。

第五，宜居环境因素对区域创新影响的渠道分析得出，宜居环境因素可通过提高创新工人的劳动生产率、地区人力资本和物质资本转化为创新的效率，以及扩大地区集聚经济正外部性效应和扩大地区人力资本池的渠道来影响区域创新产出。此外，两类宜居环境因素中，城市便利因素对创新系统效率的影响更为突出，由此创新工人的劳动效率更容易受到城市便利性因素影响。进一步，拓展研究结果表明，中国现阶段的人口增长更多是追逐“就业机会”的结果，表现为地区的流动人口增长率表现出受地区经济发展水平的影响，而不受宜居环境影响的特点。此外，地区人力资本池的扩大既受到区域宜居因素的影响，也受到经济机会和外生需求冲击的驱动，并存在路径依赖的特点。更为重要的是，仅仅只有地区的人力资本池，即高技能工人的增长与宜居环境程度相关，地区的总人口池和就业池则不受地区宜居环境程度的影响。由此，地区宜居环境因素对区域创新显著为正的影响并不能推广到宜居环境因素对区域整体人口增长以及就业增长的影响上，本书提出的基本研究假设成立。

第二节　促进我国区域创新发展的政策启示

在科技日新月异、信息技术突飞猛进发展的世界，各个国家和地区只有不断地发展创新和实践创新，才能在激烈的国际竞争中“站稳脚跟”并保持经济稳步发展，然而，只有认识到区域间创新发展差异的根源，才能用“扬长补短”的方式找到实现区域创新科学可持续发展的路径。本书从宜居环境因素的角度探究区域创新发展差异形成的原因，基于研究结论得出区域创新发展的政策启示有：

第一，创建更为宜居的城市环境对发展创新十分有必要。给定其他投入不变时，提高地区的自然宜居水平和城市便利水平可显著促进区域创新发展。为了创建更为宜居的环境，本书建议可从提高自然环境质量和提供更多城市便利角度入手。具体来说，各地区应致力于保护自然环境，减少污染源头，制定有效的防止和治理空气污染的举措并提高执行力度；在城市便利方面可切实改变得更多，包括提供更多优质的中小学教育资源、医疗资源以及提高相应公共服务质量，提供更多的公共产品和服务如公共交通服务等。此外，地区的旅游资源也是判断地区“宜居”与否的重要方面，各地区应当重视和鼓励区域旅游资源的维护和开发，营造多元、包容的文化氛围，规范旅游管理，提供高质量的旅游配套服务，提升游客的旅游体验。在城市发展的不同阶段，人们对“宜居要素”的定义可能不同，以上提出的提升“宜居环境”的举措更多针对于当前中国发展阶段。随着社会的发展，居民对宜居环境因素需求的内容可能发生变化，此时城市创建宜居城市关注的重点也应该做出相应调整，使其尽可能满足人口高层次的生活质量需求。此外，针对区域创新更多受地区综合宜居水平而非单方面的宜居要素的影响，地区应同时从多个方面提升城市的综合“宜居程度”。

第二，制定差异化的区域创新发展战略。由于历史文化、地理特点和政治地位等方面的差别，不同地区的创新发展呈现不同的发展规律。就区域创新受地区宜居程度的影响来看，沿海城市受到自然宜居环境的影响显著，而内陆城市创新受到城市便利的影响显著；非省会城市的创新发展受到自然宜居和城市便利宜居影响，而省会城市的创新则不受此影响。由此，各地区在制定区域发展战略时，应当结合自身特点对地区宜居环境因素给予不同的重视程度。例如，当前阶段，沿海城市应重点在提高自然宜居方面做出更多努力，内陆城市应在城市便利设施或服务供给上投入更多。与省会城市不同，非省会城市在发展创新时应当尤其学会利用“宜居环境”的吸引力，打造更为宜居的城市形成城市创新发展优势。除此之外，具有不同宜居条件优势的城市应当挖掘自身潜在的优势，弥补城市便利条件方面的不足。从自然宜居环境和城市宜居环境重要性的对比上来看，在当前阶段，区域创新发展受城市宜居因素的影响更大。然而，这并不意味着地区发展创新可以不注重自然环境。过去的发展经验表明，中国在实现快速城市化的进程中，对自然环境产生了较大的破坏，例如，严重空气污染的产生等。相比城市便利提供的高弹性，自然环境的破坏具有“不可逆性”，且可以预期得到，随着地区城市便利环境差距的缩小，自然环境特征在吸引人才和投资上将作用更大，由此，无论当前经济发展程度如何，都必须做好保护自然环境，提高自然环境质量的举措。以空气污染为例，政府和社会为减少空气污染的努力不仅有利于“去除”地区的“不宜居”，同时还是对地区人力资本的一种长期投资，有助于提高劳动生产率和促进经济增长。

值得注意的是，宜居环境因素既可能是制约区域创新发展的因素，也可能是地区实现创新赶超的突破口。当人口普遍重视生活质量因素时，我国经济发展相对落后但是自然环境质量较好的地区可以从宜居环境因素中获得实现经济赶超的突破口。例如，先天具备相对自然环境优势的我国云南、四川、新疆、西藏等省份的地级市，在政府给予人才一定的经济保障时，其可以利用额外的自然宜居优势和配套的城市便利条件来吸引人才，随着中国经济具有平稳发展态势，有理由相信未来最具吸引力的城市将是“宜居城市”，而非仅仅的“经济发达城市”。

第三，重视地区教育和创新的基础科学研究，保障创新发展基本要素供给。本书对区域创新动力机制的研究得出，除了宜居环境因素，地区的人力资本、研发投入和结构类因素是实现区域创新发展的基本动力因素，其中结构类因素包括地区的经济发展水平、集聚经济程度和产业结构等。宜居环境因素在某种程度上可看作是地区创新系统的构成部分。教育和基础科学研究是人力资本供给和创新实现最基本的保障。由此，我国各城市在追求创新增长时应保持对地区教育和创新基础科学研究投入的重视，并保障创新发展所需的基本要素的供给，例如研发投入、人力资本投入等，只要基本要素供给有保障，地区宜居环境因素的助推作用才能发挥出来。此外，地区的研发投入、人力资本投入和结构类因素共同决定了区域创新发展的速度和规模，各地区应结合自身的经济基础和条件，寻找创新发展动力的“长板”和“短板”，通过制定合理有效的政策措施和实施努力，避免和克服创新发展的“短板效应”，系统高效地推动区域创新的发展。

第四，建立区域创新合作互动机制，利用知识外溢发展创新。空间计量模型结果揭示出地区的创新发展之间存在正空间相关关系，表现为一个地区可以从其周围地区创新的快速发展中获益。由此，各地区不仅可以通过自身条件发展创新，还应该充分借助空间联系的“外力”来带动本地区的创新发展。在知识信息时代，获得外界信息的能力以及保持与外界的沟通联系对地区发展创新至关重要，本书揭示的创新发展有利的“空间联系”仅仅指代“地理联系”，事实上，“地理联系”可进一步推广到区域之间的“经济联系”“文化联系”等。总之，在经济全球化发展的背景下，以及中国经济发展的开放性，提倡各地区发展创新时应尽量保持开放的创新系统，加强地区之间创新技术合作、交流，实现创新增长的“双赢”。

第三节　未来研究展望

本书就宜居环境因素对区域创新的影响及其影响机理渠道进行了一个相对深入的理论分析和实证探究，由此得出了一些相关结论，但限于笔者研究能力有限以及微观数据可得性的限制，研究还有待深入和完善。具体地，本书存在的一些研究不足和有待完善之处有：

第一，区域创新产出和宜居环境因素的指标体系有待完善。宜居环境因素的概念和指标衡量对本书研究至关重要，本书梳理了宜居环境因素的核心概念，然而基于数据可得性的限制，选取的宜居环境指标覆盖并不全面，例如，诸多地理因素如土地坡度、水域面积等，天气因素如风向、风速等未考虑；在城市便利指标中，未将娱乐休闲设施和服务、地区文化特征等考虑在内。除了数据可得性的限制以外，未来有关宜居环境因素指标的选择应当专注于更小的地理范围，因为城市内部中心地区和郊区的人口在接近城市便利时也存在差异。就创新产出的指标选择而言，正如正文部分指出，使用专利存在一定的局限性，如专利质量无法体现，遗漏了未申请专利的创新以及专利与地区的匹配误差等，今后有关区域创新的研究在数据可得的基础上应当引入更多衡量指标，例如，新产品产值、科学出版物、专利引用量等来进行对比研究，以检验结果的稳健性。

第二，宜居环境因素对创新影响的微观机制有待实证检验。本书理论分析提出的宜居环境因素对区域创新影响通过宜居环境因素对创新工人的工作努力程度的影响来实现。事实上，该机制在缺乏个体层面以及企业层面的微观数据情况下无法得到验证。此外，给定工人努力程度（或者劳动生产率）的前提下，宜居环境有利于吸引更多人力资本，促进人力资本、物质资本转化为创新产出的效率以及扩大集聚经济的正外部性的影响机制分别对应了四个不同的研究问题，可分别进行探讨和研究。今后若能获得符合要求的个体层面数据或者企业层面数据，将会开展相关的微观机制分析，并从小问题入手。在第七章拓展实证研究部分，本书从区域加总数据角度探究宜居环境对人口增长的影响，也缺乏了相应的微观机制分析和检验，有关人口的异质性，例如，年龄、性别、教育背景、籍贯等因素应得到控制。

第三，理论分析有待深入。本书构建简单的理论模型探究了宜居环境因素对区域创新的影响机理和渠道，为实证分析奠定理论基础。其中，基础的理论模型中假定工人的工资率仅仅与工人的努力程度相关，未将区域内影响劳动力供给和需求的因素考虑在内；此外，理论分析的第三小节中分别考虑了宜居环境因素对区域创新影响的五种渠道，在分析每一种影响渠道时，均假定其他因素不变，事实上，五种影响渠道可能共同发挥作用，本书理论分析中未将共同发挥作用的情况进行单独分析。未来有关宜居环境因素对区域创新产出的影响的理论研究可将更多现实特点考虑在内进行扩展研究。

第四，内生性问题有待解决。关于城市便利因素与区域创新可能的因果关联导致的内生性问题，本书采取了引入滞后解释变量的方式处理，事实上，首先关于“谁是因，谁是果”问题的分析需要通过理论来探讨；其次，针对遗漏变量造成的内生性问题，本书虽然采用固定效应模型以及匹配工具变量法来处理，但本书研究涉及的宜居环境因素较多，该方法并非对所有因素都适用，例如，模型回归检验结果表明该方法仅适用于部分回归模型。由此，关于内生性问题的处理办法，今后应当针对每一个宜居环境因素进行单独的分析和探讨。此外，本书提出宜居环境因素通过影响人力资本、物质资本增长和集聚经济程度的方式来促进创新，但相应的实证模型并没有考虑到三者之间的动态关系，未来的实证研究有待细化和深入。

除了理论分析，其他方面的研究不足在当前阶段都在一定程度上受限于微观数据不可得的限制。未来的研究将首先致力于在获取微观数据上寻求突破，在数据可得的基础上进行系列的宜居环境因素对人口和企业区位选择影响的微观层面的分析。

参考文献

[1] 安虎森，何文．从空间视角分析环境对于区域产业布局的影响［J］．西南民族大学学报（人文社会科学版），2013（4）：113－117.

[2] 程雁，李平．创新基础设施对中国区域技术创新能力影响的实证分析［J］．经济问题探索，2007（9）：51－54.

[3] 程叶青，王哲野，马靖．中国区域创新的时空动态分析［J］．地理学报，2015，69（12）：1779－1789.

[4] 程中华，刘军．产业集聚、空间溢出与制造业创新——基于中国城市数据的空间计量分析［J］．山西财经大学学报，2015，37（4）：34－44.

[5] 邓海骏．建设高品质宜居城市探究［D］．武汉：武汉大学，2011.

[6] 杜婷．北京市环境舒适度度量及环保对策研究［D］．北京：北京林业大学，2006.

[7] 段楠．城市便利性、弱连接与“逃回北上广”——兼论创意阶层的区位选择［J］．城市观察，2012（2）：99－109.

[8] 范新英，张所地．城市品质特征对房价影响的实证研究［J］．管理现代化，2015（2）：61－63.

[9] 高波，陈健，邹琳华．区域房价差异、劳动力流动与产业升级［J］．经济研究，2012（1）：66－79.

[10] 何鸣，柯善咨，文嫣．城市环境特征品质与中国房地产价格的区域差异［J］．财经理论与实践，2009，30（2）：97－103.

[11] 何舜辉，杜德斌，焦美琪，等．中国地级以上城市创新能力的时空格局演变及影响因素分析［J］．地理科学，2017，37（7）：1014－1022.

[12] 洪进，胡子玉．城市化水平、城市就业密度与技术创新——基于创新型城市的实证分析［J］．管理现代化，2015，35（1）：52－54.

[13] 洪进，余文涛，杨凤丽．人力资本、创意阶层及其区域空间分布

研究 [J]. 经济学家，2011 (9)：33 -35.

[14] 胡兆量，王恩涌. 中国人才地理特征 [J]. 经济地理，1998，18 (1)：8 -14.

[15] 扈爽，朱启贵. 城市舒适物、创意人才和城市创新 [J]. 华东经济管理，2021，35 (11)：54 -60.

[16] 黄孔融. 我国城市环境舒适性问题初探 [J]. 中国环境管理干部学院学报，2010，20 (2)：31 -34.

[17] 黄忠武. 我国技术创新的空间分布、空间溢出及其对区域经济增长的影响 [D]. 泉州：硕士学位论文，华侨大学，2014.

[18] 蒋天颖. 我国区域创新差异时空格局演化及其影响因素分析 [J]. 经济地理，2013，33 (6)：22 -29.

[19] 李晨，覃成林，任建辉. 空间溢出、邻近性与区域创新 [J]. 中国科技论坛，2017 (1)：47 -52，68.

[20] 李国平，王春杨. 我国省域创新产出的空间特征和时空演化——基于探索性空间数据分析的实证 [J]. 地理研究，2012，31 (1)：95 -106.

[21] 李婧，谭清美，白俊红. 中国区域创新生产的空间计量分析——基于静态与动态空间面板模型的实证研究 [J]. 管理世界，2010 (7)：43 -55.

[22] 李习保. 中国区域创新能力变迁的实证分析：基于创新系统的观点 [J]. 管理世界，2007 (12)：18 -30.

[23] 李悦. 城市舒适性对劳动力流动的影响研究_ [D]. 南宁：硕士学位论文，广西大学，2020.

[24] 梁智妍. 基于 Hedonic 模型的广东省城市生活质量评价研究 [D]. 广州：华南理工大学，2014.

[25] 吕新军，代春霞. 研发投入异质性与区域技术创新溢出效应 [J]. 经济经纬，2017 (4)：19 -24.

[26] 马大来，陈仲常，王玲. 中国区域创新效率的收敛性研究：基于空间经济学视角 [J]. 管理工程学报，2017 (1)：71 -78.

[27] 马凌，李丽梅，朱竑. 中国城市舒适物评价指标体系构建与实证 [J]. 地理学报，2018，73 (4)：755 -770.

[28] 彭文斌，吴伟平，邝嫦娥. 环境规制对污染产业空间演变的影响

研究——基于空间面板杜宾模型［J］. 世界经济文汇，2014（6）：99－110.

［29］盛翔. 区域创新产出的差异比较及影响因素的实证研究［D］. 杭州：硕士学位论文，浙江工商大学，2012.

［30］谭俊涛，张平宇，李静. 中国区域创新绩效时空演变特征及其影响因素研究［J］. 地理科学，2016，36（1）：39－46.

［31］王俊松，颜燕，胡曙虹. 中国城市技术创新能力的空间特征及影响因素——基于空间面板数据模型的研究［J］. 地理科学，2017，37（1）：11－18.

［32］王宁. 城市舒适物与社会不平等［J］. 西北师大学报（社会科学版），2010，47（5）：1－8.

［33］王宁. 城市舒适物与消费型资本——从消费社会学视角看城市产业升级［J］. 兰州大学学报（社会科学版），2014（1）：1－7.

［34］王宁，叶华. 舒适物，人才流动与产业升级（专题研究）－职场舒适物，心理收入与人才流动［J］. 人文杂志，2014（9）：95－105.

［35］王善礼，张宗益. 区域创新环境对区域技术创新效率影响的实证研究［D］. 中国优秀硕士学位论文数据库，2008.

［36］王伟. 城市宜居性对人力资本积累的影响研究［D］. 天津：硕士学位论文，天津财经大学，2020.

［37］王璇. 北京城市布局的宜居性之自然环境舒适度分析［D］. 北京：硕士学位论文，北京林业大学，2008.

［38］魏守华，吴贵生，吕新雷. 区域创新能力的影响因素——兼评我国创新能力的地区差距［J］. 中国软科学，2010（9）：76－85.

［39］温婷，蔡建明，杨振山，等. 国外城市舒适性研究综述与启示［J］. 地理科学进展，2014，33（2）：249－258.

［40］温婷. 舒适性视角下的传统工业城市更新与转型策略——以芝加哥中心区为例［J］. 城乡建设，2019（9）：72－74.

［41］武优勐. 消费舒适物、劳动力流动与城市发展研究［D］. 成都：博士学位论文，西南财经大学，2020.

［42］寻晶晶. 我国区域技术创新绩效的空间差异及影响因素研究［D］. 长沙：博士学位论文，湖南大学，2014.

［43］余文涛. 创新产业集聚对区域创新与生产效率的影响［D］. 合肥：

博士学位论文，中国科学技术大学，2014.

[44] 余泳泽，刘大勇．创新价值链视角下的我国区域创新效率提升路径研究 [J]. 科研管理，2014，5 (5)：27 –37.

[45] 余泳泽，刘大勇．我国区域创新效率的空间外溢效应与价值链外溢效应——创新价值链视角下的多维空间面板模型研究 [J]. 管理世界，2013 (7)：6 –20.

[46] 余运江．城市集聚，外部性与劳动力流动研究 [D]. 上海：华东师范大学，2015.

[47] 喻忠磊，唐于渝，张华，等．中国城市舒适性的空间格局与影响因素 [J]. 地理研究，2016，35 (9)：1783 –1798.

[48] 张钢，王宇峰．知识集聚与区域创新——一个对我国 30 个地区的实证研究 [J]. 科学学研究，2010，28 (3)：449 –458.

[49] 张文忠．宜居城市的内涵及评价指标体系探讨 [J]. 城市规划学刊，2007，3：30 –34.

[50] 张艳茹，喻忠磊，胡志强，等．城市舒适物、经济机会、城市规模对中国高学历劳动力空间分布的影响 [J]. 热带地理，2021，41 (2)：243 –255.

[51] 张战仁．中国创新发展的区域关联及空间溢出效应研究——基于中国经济创新转型视角的实证分析 [J]. 科学学研究，2013，31 (9)：1391 –1398.

[52] 赵华平，张所地．城市宜居性特征对商品住宅价格的影响分析——基于中国 35 个大中城市静态和动态空间面板模型的实证研究 [J]. 数理统计与管理，2013 (4)：706 –717.

[53] 赵华平，张所地．商品住宅的城市宜居性特征空间评价研究 [J]. 软科学，2014，28 (1)：130 –134，144.

[54] 赵占华．我国生育率下降的经济原因分析 [J]. 时代经贸，2014 (4)：260.

[55] 郑思齐，符育明，任荣荣．居民对城市生活质量的偏好：从住房成本变动和收敛角度的研究 [J]. 世界经济文汇，2011 (2)：35 –51.

[56] 郑蔚，梁进社．具有行业和区域特征的中国创新活动模型 [J]. 经济地理，2006，26 (6)：922 –925.

[57] 郑绪涛. 中国自主创新能力影响因素的实证分析 [J]. 工业技术经济, 2009, 28 (5): 73-77.

[58] 周迪, 程慧平. 创新价值链视角下的区域创新活动收敛分析——基于空间面板模型 [J]. 科技进步与对策, 2015, 32 (1): 36-41.

[59] 周京奎. 城市舒适性与住宅价格、工资波动的区域性差异——对1999-2006中国城市面板数据的实证分析 [J]. 财经研究, 2009, 35 (9): 80-91.

[60] 周杨. 基于GIS的深圳市宝安区人居环境适宜性研究 [D]. 重庆: 西南大学, 2012.

[61] 朱俊杰, 徐承红. 区域创新绩效提升的门槛效应——基于吸收能力视角 [J]. 财经科学, 2017 (7): 116-128.

[62] Acs, Z. J., Anselin, L. and Varga, A. Patents and Innovation Counts as Measures of Regional Production of New Knowledge [J]. *Research Policy*, 2002, 31 (7): 1069-1085.

[63] Acs, Z. J. and Audretsch, D. B. *Innovation and Small Firms* [M]. Mit Press, 1990.

[64] Acs, Z. J. *Innovation and the Growth of Cities* [M]. Elsevier, 2004: 635-658.

[65] Adamson, D. W., Clark, D. E. and Partridge, M. D. Do Urban Agglomeration Effects and Household Amenities have a Skill Bias? [J]. *Journal of Regional Science*, 2004, 44 (2): 201-224.

[66] Adhvaryu, A., Kala, N. and Nyshadham, A. Management and Shocks to Worker Productivity: Evidence from Air Pollution Exposure in an Indian Garment Factory [J]. *Working Paper*, University of Michigan, 2014.

[67] Agrawal, A., Cockburn, I. and Galasso, A. et al. Why are Some Regions More Innovative than Others? The Role of Small Firms in the Presence of Large Labs [J]. *Journal of Urban Economics*, 2014, 81: 149-165.

[68] Agrawal, A., Kapur, D. and McHale, J. How Do Spatial and Social Proximity Influence Knowledge Flows? Evidence from Patent Data [J]. *Journal of Urban Economics*, 2008, 64 (2): 258-269.

[69] Albouy, D. Are Big Cities Bad Places to Live? Estimating Quality of

Life Across Metropolitan Areas [R]. National Bureau of Economic Research, 2008, Working Paper. No. 14472.

[70] Albouy, D. What are Cities Worth? Land Rents, Local Productivity, and the Total Value of Amenities [J]. *Review of Economics and Statistics*, 2016, 98 (3): 477-487.

[71] Almond, D., Chen, Y. and Greenstone, M. et al. Winter Heating or Clean air? Unintended Impacts of China's Huai River Policy [J]. *American Economic Review*, 2009, 99 (2): 184-190.

[72] Andersson, R., Quigley, J. M. and Wilhelmsson, M. Agglomeration and the Spatial Distribution of Creativity [J]. *Papers in Regional Science*, 2005, 84 (3): 445-464.

[73] Andrews, S. Q. Inconsistencies in Air Quality Metrics: "Blue Sky" days and PM10 Concentrations in Beijing [J]. *Environmental Research Letters*, 2008, 3 (3): 1-14.

[74] Anselin, L., Varga, A. and Acs, Z. Local Geographic Spillovers between University Research and High Technology Innovations [J]. *Journal of Urban Economics*, 1997, 42 (3): 422-448.

[75] Archsmith, J., Heyes, A. and Saberian, S. Air Quality and Error Quantity: Pollution and Performance in a High-skilled, Quality-focused Occupation [R]. 2016. SSRN Working Paper.

[76] Arntz, M. What Attracts Human Capital? Understanding the Skill Composition of Interregional Job Matches in Germany [J]. *Regional Studies*, 2010, 44 (4): 423-441.

[77] Asheim, B. and Gertler, M. S. The Geography of Innovation: Regional Innovation Systems [J]. *The Oxford Handbook of Innovation*, 2005: 291-317.

[78] Audretsch, D. B. and Feldman, M. P. Knowledge Spillovers and the Geography of Innovation [J]. *Handbook of Regional and Urban Economics*, 2004, 4: 2713-2739.

[79] Audretsch, D. B. and Feldman, M. P. R&D Spillovers and the Geography of Innovation and Production [J]. *American Economic Review*, 1996, 86 (3): 630-640.

[80] Baines, S. and Robson, L. Being Self-employed or Being Enterprising? The Case of Creative Work for the Media Industries [J]. *Journal of Small Business and Enterprise Development*, 2001, 8 (4): 349 -362.

[81] Baptista, R. and Swann, P. Do Firms in Clusters Innovate More? [J]. *Research Policy*, 1998, 27 (5): 525 -540.

[82] Bartik, T. J. *Who Benefits from State and Local Economic Development Policies*? [M]. Kalamazoo, MI: Upjohn Institute, 1991.

[83] Bayer, P., Keohane, N. and Timmins, C. Migration and Hedonic Valuation: the Case of Air Quality [J]. *Journal of Environmental Economics and Management*, 2009, 58 (1): 1 -14.

[84] Beeson, P. E. and Eberts, R. W. Identifying Productivity and Amenity Effects in Interurban Wage Differentials [J]. *Review of Economics and Statistics*, 1989: 443 -452.

[85] Bettencourt, L. M., Lobo, J. and Strumsky, D. Invention in the City: Increasing Returns to Patenting as a Scaling Function of Metropolitan size [J]. *Research Policy*, 2007, 36 (1): 107 -120.

[86] Betz, M. R., Partridge, M. D. and Fallah, B. Smart Cities and Attracting Knowledge Workers: Which Cities Attract Highly-educated Workers in the 21st Century? [J]. *Papers in Regional Science*, 2016, 95 (4): 819 -841.

[87] Bilbao Osorio, B. and Rodríguez Pose, A. From R&D to Innovation and Economic Growth in the EU [J]. *Growth and Change*, 2004, 35 (4): 434 -455.

[88] Blanchard, O. and Katz, L. F. What We Know and Do not Know about the Natural Rate of Unemployment [J]. *Journal of Economic Perspectives*, 1997, 11 (1): 51 -72.

[89] Blomquist, G. C., Berger, M. C. and Hoehn, J. P. New Estimates of Quality of Life in Urban Areas [J]. *American Economic Review*, 1988: 89 -107.

[90] Boschma, R. A. and Fritsch, M. Creative Class and Regional Growth: Empirical Evidence from Seven European Countries [J]. *Economic Geography*, 2009, 85 (4): 391 -423.

[91] Breschi, S., Lenzi, C. and Lissoni, F. et al. The Geography of Knowledge Spillovers: the Role of Inventors' Mobility Across Firms and in Space

[J]. *The Handbook of Evolutionary Economic Geography*, 2010: 353 - 369.

[92] Brown, W. M. and Scott, D. M. Human Capital Location Choice: Accounting for Amenities and Thick Labor Markets [J]. *Journal of Regional Science*, 2012, 52 (5): 787 - 808.

[93] Bruche, G. A New Geography of Innovation - China and India Rising [J]. *Transnational Corporations Review*, 2009, 1 (4): 24 - 27.

[94] Brueckner, J. K., Thisse, J. and Zenou, Y. Why is Central Paris Rich and Downtown Detroit Poor? An Amenity-based Theory [J]. *European Economic Review*, 1999, 43 (1): 91 - 107.

[95] Brunekreef, B. and Holgate, S. T. Air Pollution and Health [J]. *The Lancet*, 2002, 360 (9341): 1233 - 1242.

[96] Buettner, T. and Ebertz, A. Quality of Life in the Regions: Results for German Counties [J]. *Annals of Regional Science*, 2009, 43 (1): 89 - 112.

[97] Cabrer - Borras, B. and Serrano - Domingo, G. Innovation and R&D Spillover Effects in Spanish Regions: a Spatial Approach [J]. *Research Policy*, 2007, 36 (9): 1357 - 1371.

[98] Cairncross, F. Telecommunications: the Death of Distance [J]. *The Economist*, 1995, 30: 5 - 28.

[99] Capello, R., Caragliu, A. and Lenzi, C. Is Innovation in Cities a Matter of Knowledge-intensive Services? An Empirical Investigation [J]. *Innovation: The European Journal of Social Science Research*, 2012, 25 (2): 151 - 174.

[100] Carlino, G. A., Chatterjee, S. and Hunt, R. M. Urban Density and the Rate of Invention [J]. *Journal of Urban Economics*, 2007, 61 (3): 389 - 419.

[101] Carree, M. A. and Kronenberg, K. Locational Choices and the Costs of Distance: Empirical Evidence for Dutch Graduates [J]. *Spatial Economic Analysis*, 2014, 9 (4): 420 - 435.

[102] Carruthers, J. I. and Vias, A. C. Urban, Suburban, and Exurban Sprawl in the Rocky Mountain West: Evidence from Regional Adjustment Models [J]. *Journal of Regional Science*, 2005, 45 (1): 21 - 48.

[103] Chang, T., Graff Zivin, J. and Gross, T. et al. Particulate Pollution and the Productivity of Pear Packers [J]. *American Economic Journal: Economic Policy*, 2016, 8 (3): 141-169.

[104] Chaston, I. and Sadler Smith, E. Entrepreneurial Cognition, Entrepreneurial Orientation and Firm Capability in the Creative Industries [J]. *British Journal of Management*, 2012, 23 (3): 415-432.

[105] Chay, K. Y. and Greenstone, M. The Impact of Air Pollution on Infant Mortality: Evidence from Geographic Variation in Pollution Shocks Induced by a Recession [J]. *Quarterly Journal of Economics*, 2003, 118 (3): 1121-1167.

[106] Chen, A. and Partridge, M. D. When are Cities Engines of Growth in China? Spread and Backwash Effects Across the Urban Hierarchy [J]. *Regional Studies*, 2013, 47 (8): 1313-1331.

[107] Chen, K. and Kenney, M. Universities/research Institutes and Regional Innovation Systems: the Cases of Beijing and Shenzhen [J]. *World Development*, 2007, 35 (6): 1056-1074.

[108] Chen, Y., Ebenstein, A. and Greenstone, M. et al. Evidence on the Impact of Sustained Exposure to Air Pollution on Life Expectancy from China's Huai River Policy [J]. *Proceedings of the National Academy of Sciences*, 2013, 110 (32): 12936-12941.

[109] Chen, Y., Jin, G. Z. and Kumar, N. et al. Gaming in Air Pollution Data? Lessons from China [J]. *The BE Journal of Economic Analysis and Policy*, 2012, 12 (3).

[110] Cheshire, P. C. and Magrini, S. Population Growth in European Cities: Weather Matters-but Only Nationally [J]. *Regional Studies*, 2006, 40 (1): 23-37.

[111] Cheung, K. and Ping, L. Spillover Effects of FDI on Innovation in China: Evidence from the Provincial Data [J]. *China Economic Review*, 2004, 15 (1): 25-44.

[112] Chiodo, A. J., Hernandez - Murillo, R. and Owyang, M. T. Nonlinear Hedonics and the Search for School District Quality [J]. *Federal Reserve Bank of St. Louis*, 2003.

[113] Chung, S. The Impact of Regional Environmental Amenity on Skill Aggregation Across Regions in Developing Countries: Evidence from Air Pollution in China [J]. *Asia – Pacific Journal of Regional Science*, 2019: 1 – 27.

[114] Clare, K. The Essential Role of Place within the Creative Industries: Boundaries, Networks and Play [J]. *Cities*, 2013, 34: 52 – 57.

[115] Clark, D. E., Herrin, W. E. and Knapp, T. A. et al. Migration and Implicit Amenity Markets: does Incomplete Compensation Matter? [J]. *Journal of Economic Geography*, 2003, 3 (3): 289 – 307.

[116] Clark, D. E. and Hunter, W. J. The Impact of Economic Opportunity, Amenities and Fiscal Factors on Age-specific Migration Rates [J]. *Journal of Regional Science*, 1992, 32 (3): 349 – 365.

[117] Cooke, P. and De Propris, L. A Policy Agenda for EU Smart Growth: the Role of Creative and Cultural Industries [J]. *Policy Studies*, 2011, 32 (4): 365 – 375.

[118] Crescenzi, R. and Rodríguez Pose, A. R&D, Socio-economic Conditions, and Regional Innovation in the US [J]. *Growth and Change*, 2013, 44 (2): 287 – 320.

[119] Crescenzi, R., Rodríguez – Pose, A. and Storper, M. The Territorial Dynamics of Innovation: a Europe – United States Comparative Analysis [J]. *Journal of Economic Geography*, 2007, 7 (6): 673 – 709.

[120] Crescenzi, R., Rodríguez – Pose, A. and Storper, M. The Territorial Dynamics of Innovation in China and India [J]. *Journal of Economic Geography*, 2012, 12 (5): 1055 – 1085.

[121] Crescenzi, R. and Rodríguez Pose, A. The Geography of Innovation in China and India [J]. *International Journal of Urban and Regional Research*, 2017: 1010 – 1027.

[122] Cunningham, J. B. and Lischeron, J. Defining Entrepreneurship [J]. *Journal of Small Business Management*, 1991, 29 (1): 45.

[123] Currie, J. and Neidell, M. Air Pollution and Infant Health: What can We Learn from California's Recent Experience? [J]. *Quarterly Journal of Economics*, 2005, 120 (3): 1003 – 1030.

[124] Dahlman, C. Innovation Strategies of Three of the BRICS: Brazil, India and China—what Can We Learn from Three Different Approaches [J]. *The Rise of Technological Power in the South. Basingstoke: Palgrave MacMillan*, 2010.

[125] Dahl, M. S. and Sorenson, O. The Migration of Technical Workers [J]. *Journal of Urban Economics*, 2010, 67 (1): 33 – 45.

[126] Deller, S. C., Tsai, T. S. and Marcouiller, D. W. et al. The Role of Amenities and Quality of Life in Rural Economic Growth [J]. *American Journal of Agricultural Economics*, 2001, 83 (2): 352 – 365.

[127] De – Miguel – Molina, B., Hervas – Oliver, J. and Boix, R. et al. The Importance of Creative Industry Agglomerations in Explaining the Wealth of European Regions [J]. *European Planning Studies*, 2012, 20 (8): 1263 – 1280.

[128] Desrochers, P. On the Abuse of Patents as Economic Indicators [J]. *Quarterly Journal of Austrian Economics*, 1998, 1 (4): 51.

[129] Dorfman, J. H., Partridge, M. D. and Galloway, H. Do Natural Amenities Attract High-tech Jobs? Evidence from a Smoothed Bayesian Spatial Model [J]. *Spatial Economic Analysis*, 2011, 6 (4): 397 – 422.

[130] Duffy Deno, K. T. The Effect of Federal Wilderness on County Growth in the Intermountain Western United States [J]. *Journal of Regional Science*, 1998, 38 (1): 109 – 136.

[131] Ebenstein, A., Fan, M. and Greenstone, M. et al. Growth, Pollution, and Life Expectancy: China from 1991 – 2012 [J]. *American Economic Review*, 2015, 105 (5): 226 – 231.

[132] Etzo, I. The Determinants of the Recent Interregional Migration Flows in Italy: a Panel Data Analysis [J]. *Journal of Regional Science*, 2011, 51 (5): 948 – 966.

[133] Evangelista, R., Iammarino, S. and Mastrostefano, V. et al. Measuring the Regional Dimension of Innovation. Lessons from the Italian Innovation Survey [J]. *Technovation*, 2001, 21 (11): 733 – 745.

[134] Fagerberg, J. *Why Growth Rates Differ* [M]. London: Pinter, 1988: 432 – 457.

[135] Faggian, A. and McCann, P. Human Capital, Graduate Migration and Innovation in British Regions [J]. *Cambridge Journal of Economics*, 2009, 33 (2): 317 -333.

[136] Faggian, A., Partridge, M. and Malecki, E. Creating an Environment for Economic Growth: Creativity, Entrepreneurship or Human Capital? [J]. *International Journal of Urban and Regional Research*, 2017, 41 (6): 997 - 1009.

[137] Fallah, B., Partridge, M. D. and Rickman, D. S. Geography and high-tech Employment Growth in US Counties [J]. *Journal of Economic Geography*, 2014, 14 (4): 683 -720.

[138] Fan, P. Innovation in China [J]. *Journal of Economic Surveys*, 2014, 28 (4): 725 -745.

[139] Fan, P., Wan, G. and Lu, M. China's Regional Inequality in Innovation Capability, 1995 -2006 [J]. *China & World Economy*, 2012, 20 (3): 16 -36.

[140] Felsenstein, D. High Technology Firms and Metropolitan Locational Choice in Israel; a Look at the Determinants [J]. *Geografiska Annaler. Series B. Human Geography*, 1996: 43 -58.

[141] Ferguson, M., Ali, K. and Olfert, M. et al. Voting with Their Feet: Jobs Versus Amenities [J]. *Growth and Change*, 2007, 38 (1): 77 -110.

[142] Findlay, A., Mason, C. and Houston, D. et al. Escalators, Elevators and Travelators: the Occupational Mobility of Migrants to South - East England [J]. *Journal of Ethnic and Migration Studies*, 2009, 35 (6): 861 -879.

[143] Fingleton, B., Igliori, D. and Moore, B. Cluster Dynamics: New Evidence and Projections for Computing Services in Great Britain [J]. *Journal of Regional Science*, 2005, 45 (2): 283 -311.

[144] Fitjar, R. D., Gjelsvik, M. and Rodríguez - Pose, A. The Combined Impact of Managerial and Relational Capabilities on Innovation in Firms [J]. *Entrepreneurship and Regional Development*, 2013, 25 (5 -6): 500 -520.

[145] Florida, R. *Cities and the Creative Class* [M]. Routledge, 2005.

[146] Florida, R. *The Rise of the Creative Class. And How It's Transforming*

Work, Leisure and Everyday Life [M]. New York: Basic Books, 2002.

[147] Fritsch, M. Measuring the Quality of Regional Innovation Systems: a Knowledge Production Function Approach [J]. *International Regional Science Review*, 2002, 25 (1): 86-101.

[148] Furman, J. L., Porter, M. E. and Stern, S. The Determinants of National Innovative Capacity [J]. *Research Policy*, 2002, 31 (6): 899-933.

[149] Fu, S. and Guo, M. *Running with a Mask The Effect of Air Pollution on Marathon Runners' Performance* [R]. 2017. SSRN Working Papers.

[150] Fu, S. and Gu, Y. Highway Toll and Air Pollution: Evidence from Chinese Cities [J]. *Journal of Environmental Economics and Management*, 2017, 83: 32-49.

[151] Gabriel, S. A., Mattey, J. P. and Wascher, W. L. Compensating Differentials and Evolution in the Quality-of-life Among US States [J]. *Regional Science and Urban Economics*, 2003, 33 (5): 619-649.

[152] Gabriel, S. A. and Rosenthal, S. S. Quality of the Business Environment versus Quality of Life: Do Firms and Households Like the Same Cities? [J]. *Review of Economics and Statistics*, 2004, 86 (1): 438-444.

[153] Galbraith, C. S. High-technology Location and Development: the Case of Orange County [J]. *California Management Review*, 1985, 28 (1): 98-109.

[154] Gehrsitz, M. The Effect of Low Emission Zones on Air Pollution and Infant Health [J]. *Journal of Environmental Economics and Management*, 2017, 83: 121-144.

[155] German-Soto, V. and Flores, L. G. Assessing Some Determinants of the Regional Patenting: an Essay from the Mexican States [J]. *Technology and Investment*, 2013, 4 (3): 1-9.

[156] Ghanem, D. and Zhang, J. "Effortless Perfection": Do Chinese Cities Manipulate Air Pollution Data? [J]. *Journal of Environmental Economics and Management*, 2014, 68 (2): 203-225.

[157] Glaeser, E. L., Kolko, J. and Saiz, A. Consumer city [J]. *Journal of Economic Geography*, 2001, 1 (1): 27-50.

[158] Graves, P. E. A life-cycle Empirical Analysis of Migration and Cli-

mate, by race [J]. *Journal of Urban Economics*, 1979, 6 (2): 135 - 147.

[159] Graves, P. E. A Reexamination of Migration, Economic Opportunity, and the Quality of Life [J]. *Journal of Regional Science*, 1976, 16 (1): 107 - 112.

[160] Graves, P. E. and Linneman, P. D. Household Migration: Theoretical and Empirical Results [J]. *Journal of Urban Economics*, 1979, 6 (3): 383 - 404.

[161] Graves, P. E. Migration and Climate [J]. *Journal of Regional Science*, 1980, 20 (2): 227 - 237.

[162] Graves, P. E. and Mueser, P. R. The Role of Equilibrium and Disequilibrium in Modeling Regional Growth and Decline: a Critical Reassessment [J]. *Journal of Regional Science*, 1993, 33 (1): 69 - 84.

[163] Greenwood, M. J. and Hunt, G. L. Jobs Versus Amenities in the Analysis of Metropolitan Migration [J]. *Journal of Urban Economics*, 1989, 25 (1): 1 - 16.

[164] Greenwood, M. J., Hunt, G. L. and Rickman, D. S. et al. Migration, Regional Equilibrium, and the Estimation of Compensating Differentials [J]. *American Economic Review*, 1991, 81 (5): 1382 - 1390.

[165] Griliches, Z. Patent Statistics as Economic Indicators: a Survey [J]. *Journal of Economic Literature*, 1990, 28 (4): 1661 - 1707.

[166] Griliches, Z. Productivity, R&D and Basic Research at Firm Level in the 1970s [J]. *American Economic Review*, 1986, 76 (1): 141 - 154.

[167] Grossman, G. M. and Helpman, E. Quality Ladders in the Theory of Growth [J]. *Review of Economic Studies*, 1991, 58 (1): 43 - 61.

[168] Grossman, M. On the Concept of Health Capital and the Demand for Health [J]. *Journal of Political Economy*, 1972, 80 (2): 223 - 255.

[169] Gyourko, J., Kahn, M. and Tracy, J. Quality of Life and Environmental Comparisons [J]. *Handbook of Regional and Urban Economics*, 1999, 3: 1413 - 1454.

[170] Gyourko, J. and Tracy, J. The Structure of Local Public Finance and the Quality of Life [J]. *Journal of Political Economy*, 1991, 99 (4): 774 -

806.

[171] Hagedoorn, J. and Cloodt, M. Measuring Innovative Performance: is There an Advantage in using Multiple Indicators? [J]. *Research Policy*, 2003, 32 (8): 1365 -1379.

[172] Hansen, H. K. and Niedomysl, T. Migration of the Creative Class: Evidence from Sweden [J]. *Journal of Economic Geography*, 2008 (9): 191 -206.

[173] He, G., Fan, M. and Zhou, M. The Effect of Air Pollution on Mortality in China: Evidence from the 2008 Beijing Olympic Games [J]. *Journal of Environmental Economics and Management*, 2016, 79: 18 -39.

[174] He, J., Liu, H. and Salvo, A. Severe Air Pollution and Labor Productivity: Evidence from Industrial Towns in China [J]. *SSRN Working Paper*, 2017.

[175] Hoehn, J. P., Berger, M. C. and Blomquist, G. C. A Hedonic Model of Interregional Wages, Rents, and Amenity Values [J]. *Journal of Regional Science*, 1987, 27 (4): 605 -620.

[176] Hunt, G. L. Equilibrium and Disequilibrium in Migration Modelling [J]. *Regional Studies*, 1993, 27 (4): 341 -349.

[177] Ito, K. and Zhang, S. Willingness to Pay for Clean Air: Evidence from Air Purifier Markets in China [J]. *Journal of Political Economy*, 2020, 128 (5): 1627 -1672.

[178] Jaffe, A. B. Real Effects of Academic Research [J]. *American Economic Review*, 1989, 79 (5): 957 -970.

[179] Jaw, Y., Chen, C. and Chen, S. Managing Innovation in the Creative Industries—A Cultural Production Innovation Perspective [J]. *Innovation*, 2012, 14 (2): 256 -275.

[180] Kafouros, M., Wang, C. and Piperopoulos, P. et al. Academic Collaborations and Firm Innovation Performance in China: The Role of Region-specific Institutions [J]. *Research Policy*, 2015, 44 (3): 803 -817.

[181] Kahn, M. E. and Zheng, S. *Blue Skies over Beijing: Economic Growth and the Environment in China* [M]. Princeton University Press, 2016.

[182] Kelejian, H. H. and Prucha, I. R. A Generalized Moments Estimator for the Autoregressive Parameter in a Spatial Model [J]. *International Economic Review*, 1999, 40 (2): 509 –533.

[183] Ke, S. Agglomeration, Productivity, and Spatial Spillovers Across Chinese Cities [J]. *Annals of Regional Science*, 2010, 45 (1): 157 –179.

[184] Krugman, P. Increasing Returns and Economic Geography [J]. *Journal of Political Economy*, 1991, 99 (3): 483 –499.

[185] Kuchiki, A. and Tsuji, *M. From Agglomeration to Innovation: Upgrading Industrial Clusters in Emerging Economies* [M]. Springer, 2009.

[186] Lafuente, E., Vaillant, Y. and Serarols, C. Location Decisions of Knowledge-based Entrepreneurs: Why Some Catalan KISAs Choose to be Rural? [J]. *Technovation*, 2010, 30 (11 –12): 590 –600.

[187] Lambiri, D., Biagi, B. and Royuela, V. Quality of Life in the Economic and Urban Economic Literature [J]. *Social Indicators Research*, 2007, 84 (1): 1 –25.

[188] Lavy, V., Ebenstein, A. and Roth, S. The Impact of Short Term Exposure to Ambient Air Pollution on Cognitive Performance and Human Capital Formation [R]. National Bureau of Economic Research, 2014, Working Paper. No. 20648.

[189] Lee, N. and Rodríguez –Pose, A. Creativity, Cities, and Innovation [J]. *Environment and Planning* A, 2014, 46 (5): 1139 –1159.

[190] Lee, N. and Rodríguez –Pose, A. Innovation and Spatial Inequality in Europe and USA [J]. *Journal of Economic Geography*, 2013, 13 (1): 1 –22.

[191] Lichter, A., Pestel, N. and Sommer, E. Productivity Effects of Air Pollution: Evidence from Professional Soccer [J]. *Labor Economics*, 2017, 48: 54 –66.

[192] Li, D., Wei, Y. D. and Wang, T. Spatial and Temporal Evolution of Urban Innovation Network in China [J]. *Habitat International*, 2015, 49: 484 –496.

[193] Li, M., Goetz, S. J. and Partridge, M. et al. Location Determinants of High-growth Firms [J]. *Entrepreneurship and Regional Development*, 2015: 1 –29.

[194] Lin, S., Xiao, L. and Wang, X. Does Air Pollution Hinder Technological Innovation in China? A Perspective of Innovation Value Chain [J]. *Journal of Cleaner Production*, 2021, 278.

[195] Liu, P., Dong, D. and Wang, Z. The Impact of Air Pollution on R&D Input and Output in China [J]. *Science of The Total Environment*, 2021, 752.

[196] Liu, X. and White, S. Comparing Innovation Systems: a Framework and Application to China's Transitional Context [J]. *Research Policy*, 2001, 30 (7): 1091-1114.

[197] Li, X. and Pai, Y. A. *The Changing Geography of Innovation Activities: What do Patents Indicators Imply?* [M]. Springer, 2010: 69-85.

[198] Lorah, P. and Southwick, R. Environmental Protection, Population Change, and Economic Development in the Rural Western United States [J]. *Population and Environment*, 2003, 24 (3): 255-272.

[199] Lottrup, L., Grahn, P. and Stigsdotter, U. K. Workplace Greenery and Perceived Level of Stress: Benefits of Access to a Green Outdoor Environment at the Workplace [J]. *Landscape and Urban Planning*, 2013, 110: 5-11.

[200] Lucas, R. E. Making a Miracle [J]. *Econometrica: Journal of the Econometric Society*, 1993: 251-272.

[201] Lucas, R. E. On the Mechanics of Economic Development [J]. *Journal of Monetary Economics*, 1988, 22 (1): 3-42.

[202] Lund, L. *Locating Corporate R&D Facilities* [M]. Conference Board, 1986.

[203] Maddison, D. and Bigano, A. The Amenity Value of the Italian Climate [J]. *Journal of Environmental Economics and Management*, 2003, 45 (2): 319-332.

[204] Malecki, E. J. Entrepreneurship in Regional and Local Development [J]. *International Regional Science Review*, 1993, 16 (1-2): 119-153.

[205] Malecki, E. J. Product Cycles, Innovation Cycles, and Regional Economic Change [J]. *Technological Forecasting and Social Change*, 1981, 19 (4): 291-306.

[206] Mansfield, E. Patents and Innovation: an Empirical Study [J]. *Management Science*, 1986, 32 (2): 173 - 181.

[207] Mate - Sanchez - Val, M. and Harris, R. Differential Empirical Innovation Factors for Spain and the UK [J]. *Research Policy*, 2014, 43 (2): 451 - 463.

[208] Matus, K., Nam, K. and Selin, N. E. et al. *Health Damages from Air Pollution in China* [J]. *Global Environmental Change*, 2012, 22 (1): 55 - 66.

[209] McGranahan, D. A. Landscape Influence on Recent Rural Migration in the US [J]. *Landscape and Urban Planning*, 2008, 85 (3): 228 - 240.

[210] McGranahan, D. A. *Natural Amenities Drive Rural Population Change* [M]. US Department of Agriculture, Food and Rural Economics Division, Economic Research Service Washington DC, 1999.

[211] McGranahan, D. A., and Wojan, T. Recasting the Creative Class to Examine Growth Processes in Rural and Urban Counties [J]. *Regional Studies*, 2007, 41 (2): 197 - 216.

[212] McGranahan, D. A., Wojan, T. R. and Lambert, D. M. The Rural Growth Trifecta: Outdoor Amenities, Creative Class and Entrepreneurial Context [J]. *Journal of Economic Geography*, 2010: 1 - 29.

[213] Miguélez, E., Moreno, R. and Suriñach, J. Inventors on the Move: Tracing Inventors' Mobility and Its Spatial Distribution [J]. *Papers in Regional Science*, 2010, 89 (2): 251 - 274.

[214] Miguélez, E. and Moreno, R. What Attracts Knowledge Workers? The Role of Space and Social Networks [J]. *Journal of Regional Science*, 2014, 54 (1): 33 - 60.

[215] Moran, P. A. Notes on Continuous Stochastic Phenomena [J]. *Biometrika*, 1950, 37 (1/2): 17 - 23.

[216] Mueser, P. R. and Graves, P. E. Examining the Role of Economic Opportunity and Amenities in Explaining Population Redistribution [J]. *Journal of Urban Economics*, 1995, 37 (2): 176 - 200.

[217] Muth, R. F. Migration: Chicken or Egg? [J]. *Southern Economic Journal*, 1971: 295 - 306.

[218] Nagaoka, S., Motohashi, K. and Goto, A. *Patent Statistics as an Innovation Indicator* [M]. Elsevier, 2010: 1083 - 1127.

[219] Neidell, M. J. Air Pollution, Health, and Socio-economic Status: the Effect of Outdoor Air Quality on Childhood Asthma [J]. *Journal of Health Economics*, 2004, 23 (6): 1209 - 1236.

[220] Niedomysl, T. and Hansen, H. K. What Matters More for the Decision to Move: Jobs Versus Amenities [J]. *Environment and Planning* A, 2010, 42 (7): 1636 - 1649.

[221] Partridge, M. D., Rickman, D. S. and Olfert, M. R. et al. Dwindling US Internal Migration: Evidence of Spatial Equilibrium or Structural Shifts in Local Labor Markets? [J]. *Regional Science and Urban Economics*, 2012, 42 (1): 375 - 388.

[222] Partridge, M. D., Rickman, D. S. and Olfert, M. R. et al. International Trade and Local Labor Markets: Do Foreign and Domestic Shocks Affect Regions Differently? [J]. *Journal of Economic Geography*, 2016: 1 - 35.

[223] Partridge, M. D. and Rickman, D. S. The Waxing and Waning of Regional Economies: the Chicken-egg Question of Jobs Versus People [J]. *Journal of Urban Economics*, 2003, 53 (1): 76 - 97.

[224] Partridge, M. D. and Rickman, D. S. Which Comes First, Jobs or People? An Analysis of the Recent Stylized Facts [J]. *Economics Letters*, 1999, 64 (1): 117 - 123.

[225] Partridge, M. D. The Dueling Models: NEG vs Amenity Migration in Explaining US Engines of Growth [J]. *Papers in Regional Science*, 2010, 89 (3): 513 - 536.

[226] Porell, F. W. Intermetropolitan Migration and Quality of Life [J]. *Journal of Regional Science*, 1982, 22 (2): 137 - 158.

[227] Pun, V. C., Manjourides, J. and Suh, H. Association of Ambient Air Pollution with Depressive and Anxiety Symptoms in Older Adults: Results from the NSHAP study [J]. *Environmental Health Perspectives*, 2017, 125 (3): 342.

[228] Qiu, J. and Yang, L. Variation Characteristics of Atmospheric Aerosol Optical Depths and Visibility in North China during 1980 - 1994 [J]. *Atmospheric*

Environment, 2000, 34 (4): 603 - 609.

[229] Rappaport, J. Moving to Nice Weather [J]. *Regional Science and Urban Economics*, 2007, 37 (3): 375 - 398.

[230] Redding, S. J. The Empirics of New Economic Geography [J]. *Journal of Regional Science*, 2010, 50 (1): 297 - 311.

[231] Roback, J. Wages, Rents, and Amenities: Differences among Workers and Regions [J]. *Economic Inquiry*, 1988, 26 (1): 23 - 41.

[232] Roback, J. Wages, Rents, and the Quality of Life [J]. *Journal of Political Economy*, 1982: 1257 - 1278.

[233] Rodríguez - Pose, A. and Crescenzi, R. Mountains in a Flat World: Why Proximity Still Matters for the Location of Economic Activity [J]. *Cambridge Journal of Regions, Economy and Society*, 2008, 1 (3): 371 - 388.

[234] Rodríguez - Pose, A. and Crescenzi, R. Research and Development, Spillovers, Innovation Systems, and the Genesis of Regional Growth in Europe [J]. *Regional Studies*, 2008, 42 (1): 51 - 67.

[235] Rodríguez - Pose, A. Innovation Prone and Innovation Averse Societies: Economic Performance in Europe [J]. *Growth and Change*, 1999, 30 (1): 75 - 105.

[236] Rodríguez - Pose, A. Is R&D Investment in Lagging Areas of Europe worthwhile? Theory and Empirical Evidence [J]. *Papers in Regional Science*, 2001, 80 (3): 275 - 295.

[237] Rodríguez - Pose, A. and Ketterer, T. D. Do Local Amenities Affect the Appeal of Regions in Europe for Migrants? [J]. *Journal of Regional Science*, 2012, 52 (4): 535 - 561.

[238] Rodríguez Pose, A. and Villarreal Peralta, E. M. Innovation and Regional Growth in Mexico: 2000 - 2010 [J]. *Growth and Change*, 2015, 46 (2): 172 - 195.

[239] Rodríguez - Pose, A. and Wilkie, C. Putting China in Perspective: a Comparative Exploration of the Ascent of the Chinese Knowledge Economy [J]. *Cambridge Journal of Regions, Economy and Society*, 2016, 9: 479 - 497.

[240] Romer, P. M. Increasing Returns and Long-run Growth [J]. *Journal*

of Political Economy, 1986, 94 (5): 1002 -1037.

[241] Romer, P. New goods, old theory, and the Welfare Costs of Trade Restrictions [J]. *Journal of Development Economics*, 1994, 43 (1): 5 -38.

[242] Rong, Z., Wu, X. and Boeing, P. The Effect of Institutional Ownership on Firm Innovation: Evidence from Chinese Listed Firms [J]. *Research Policy*, 2017, 46 (9): 1533 -1551.

[243] Rosen, S. Hedonic Prices and Implicit Markets: Product Differentiation in Pure Competition [J]. *Journal of Political Economy*, 1974, 82 (1): 34 -55.

[244] Rosen, S. Wage-based Indexes of Urban Quality of Life [J]. *Current Issues in Urban Economics*, 1979, 3: 324 -345.

[245] Rundell, K. W. Effect of Air Pollution on Athlete Health and Performance [J]. *Br J Sports Med*, 2012, 46 (6): 407 -412.

[246] Saxenian, A. Inside-out: Regional Networks and Industrial Adaptation in Silicon Valley and Route 128 [J]. *Cityscape*, 1996: 41 -60.

[247] Scherer, F. M. Inter-industry Technology Flows and Productivity Growth [J]. *The Review of Economics and Statistics*, 1982: 627 -634.

[248] Scott, A. J. Jobs or Amenities? Destination Choices of Migrant Engineers in the USA [J]. *Papers in Regional Science*, 2010, 89 (1): 43 -63.

[249] Shang, Q., Poon, J. P. H. and Yue, Q. The Role of Regional Knowledge Spillovers On China's Innovation [J]. *China Economic Review*, 2012, 23 (4): 1164 -1175.

[250] Shapiro, J. M. Smart Cities: Quality of Life, Productivity, and the Growth Effects of Human Capital [J]. *The Review of Economics and Statistics*, 2006, 88 (2): 324 -335.

[251] Sinha, P. and Cropper, M. L. *The Value of Climate Amenities: Evidence from us Migration Decisions* [M]. National Bureau of Economic Research, 2013. Working Paper, No. 18756.

[252] Sleuwaegen, L. and Boiardi, P. Creativity and Regional Innovation: Evidence from EU Regions [J]. *Research Policy*, 2014, 43 (9): 1508 -1522.

[253] Smith, D. M. *Human Geography: A Welfare Approach* [M]. New

York: St. Martin's Press, 1977.

[254] Song, H. and Zhang, M. Spatial Spillovers of Regional Innovation: Evidence from Chinese Provinces [J]. *Emerging Markets Finance and Trade*, 2017, 53 (9): 2104 -2122.

[255] Song, H., Zhang, M. and Wang, R. Amenities and Spatial Talent Distribution: Evidence from the Chinese IT Industry [J]. *Cambridge Journal of Regions, Economy and Society*, 2016, 9 (3): 517 -533.

[256] Sternberg, R. and Arndt, O. The Firm or the Region: What Determines the Innovation Behavior of European Firms? [J]. *Economic Geography*, 2001, 77 (4): 364 -382.

[257] Storper, M. and Scott, A. J. Rethinking Human Capital, Creativity and Urban Growth [J]. *Journal of Economic Geography*, 2009, 9 (2): 147 - 167.

[258] Stover, M. E. and Leven, C. L. Methodological Issues in the Determination of the Quality of Life in Urban Areas [J]. *Urban Studies*, 1992, 29 (5): 737 -754.

[259] Sun, Y. and Du, D. Determinants of Industrial Innovation in China: Evidence from Its Recent Economic Census [J]. *Technovation*, 2010, 30 (9): 540 -550.

[260] Tanaka, S. Environmental Regulations on Air Pollution in China and Their Impact on Infant Mortality [J]. *Journal of Health Economics*, 2015, 42: 90 - 103.

[261] Tiebout, C. M. A Pure Theory of Local Expenditures [J]. *Journal of Political Economy*, 1956, 64 (5): 416 -424.

[262] Trajtenberg, M. A Penny for Your Quotes: Patent Citations and the Value of Innovations [J]. *The Rand Journal of Economics*, 1990: 172 - 187.

[263] Ullman, E. L. Amenities as a Factor in Regional Growth [J]. *Geographical Review*, 1954: 119 -132.

[264] Van Donkelaar, A., Martin, R. V. and Brauer, M. et al. Global Estimates of Fine Particulate Matter Using a Combined Geophysical-statistical Method With Information from Satellites, Models, and Monitors [J]. *Environmental Sci-*

ence & Technology, 2016, 50 (7): 3762 - 3772.

[265] Viard, V. B. and Fu, S. The Effect of Beijing's Driving Restrictions on Pollution and Economic Activity [J]. *Journal of Public Economics*, 2015, 125: 98 - 115.

[266] Whisler, R. L., Waldorf, B. S. and Mulligan, G. F. et al. Quality of Life and the Migration of the College-educated: a Life-course Approach [J]. *Growth and Change*, 2008, 39 (1): 58 - 94.

[267] Xiao, Q., Ma, Z. and Li, S. et al. The Impact of Winter Heating on Air Pollution in China [J]. *PloS one*, 2015, 10 (1).

[268] Yang, C. and Lin, H. Openness, Absorptive Capacity, and Regional Innovation in China [J]. *Environment and Planning A*, 2012, 44 (2): 333 - 355.

[269] Yueh, L. Patent Laws and Innovation in China [J]. *International Review of Law and Economics*, 2009, 29 (4): 304 - 313.

[270] Zhang, G., Zhao, Y. and Lei, J. et al. Expansion of Higher Education and the Employment Crisis: Policy Innovations in China [J]. *On the Horizon*, 2012, 20 (4): 336 - 344.

[271] Zhang, M., Partridge, M. D. and Song, H. Amenities and the Geography of Innovation: Evidence from Chinese Cities [J]. *Annals of Regional Science*, 2020, 65 (1): 105 - 145.

[272] Zheng, L. What City Amenities Matter in Attracting Smart People? [J]. *Papers in Regional Science*, 2016, 95 (2): 309 - 327.

[273] Zheng, S., Fu, Y. and Liu, H. Demand for Urban Quality of Living in China: Evolution in Compensating Land-rent and Wage-rate Differentials [J]. *Journal of Real Estate Finance and Economics*, 2009, 38 (3): 194 - 213.

[274] Zheng, S., Kahn, M. E. and Liu, H. Towards a System of Open Cities in China: Home prices, FDI flows and Air Quality in 35 Major Cities [J]. *Regional Science and Urban Economics*, 2010, 40 (1): 1 - 10.

[275] Zheng, S. and Kahn, M. E. Understanding China's Urban Pollution Dynamics [J]. *Journal of Economic Literature*, 2013, 51 (3): 731 - 772.

[276] Zivin, G. J. and Neidell, M. The Impact of Pollution on Worker Productivity [J]. *American Economic Review*, 2012, 102 (7): 3652 - 3673.